免揉麵 × 鬆軟有嚼勁 × 45款絕妙風味變化

藍帶麵包師的
美味佛卡夏

FOCACCIA

前言

我第一次烘烤佛卡夏大約是10年前的事了。
雖然當時製作麵包的資歷尚淺，
但是在和朋友聚會時，只要帶著自己做麵包去，
就總是會被大家搶著吃光光，非常受歡迎。
也常聽到有人說：「下次要再烤麵包來喔」、「請教我配方！」
不知不覺中，佛卡夏就成了我的得意之作。

近年來，不僅是在發源地義大利，連我以前工作過的法國，還有日本，
能享用佛卡夏的機會和地方都多了起來。
會這樣被各式各樣的人群所廣泛品嚐的原因，
我想就是因為佛卡夏的包容大度。
舉例來說，大致把麵團延展鋪平就能進行烘烤，
即使發酵狀況稍有差異也可以烤得很美味，
而且不論與什麼配料都很對味，很容易搭配，
這兩點都和佛卡夏的包容度有關。
對於擅長變化花樣的日本人來說，佛卡夏還具有激發挑戰精神的魅力，
所以除了麵包製作的新手之外，有經驗的老手應該也能樂在其中。

本書為了讓沒有做過麵包的人也能輕鬆製作，
設計出以容易了解的分量，不需揉麵就能完成的製作方法。
而且，因為發酵也是放在冰箱蔬果保鮮室邊冷藏邊慢慢發酵，
所以如果想在早上吃到現烤麵包的話，只要在晚上睡覺前先準備好就OK。
可以在生活之中毫無壓力地開始製作佛卡夏。

若是大家能將佛卡夏加入每天必做的日常活動中，
與家人朋友一起分切麵包，共享美味的麵包，是我最樂見的事。

池田愛實

Part2

甜食系佛卡夏

Part3

烤模佛卡夏

本書的規則

· 1大匙是15㎖，1小匙是5㎖。

· 「1小撮」指的是以拇指、食指、中指這3根手指輕輕
　抓起的分量。

· 烤箱請預先加熱至設定的溫度。烘烤時間會因熱源和
　機型等而稍有差異。請以食譜的時間為參考標準，視
　烘烤的狀態增減時間。

· 烤箱發酵功能的操作因機型不同而有所差異。請詳閱
　使用說明書確認。

· 微波爐的加熱時間以600W為基準。如果是500W的微
　波爐，請將加熱時間增加20%。

· 奶油如果沒有特別標註的話，使用的是有鹽奶油。

佛卡夏是什麼？

佛卡夏指的是在麵團中揉進橄欖油製成的，
源自於義大利的扁平麵包。
它的歷史據說可以追溯至古羅馬時代，
還有一種說法，認為它是披薩的原型。在義大利，
通常是當做前菜、下酒菜，或三明治來享用，
不分男女老少，受到廣大群眾的喜愛。

本書中，為了更加迎合日本人的喜好，使用日本國產小麥，
成形時做得稍厚一點，製作出鬆軟Q彈的口感。
而且，有的鋪上各式各樣的配料，有的把配料拌入麵團裡，
設計成也可以當成熟食麵包或點心麵包享用的食譜。

雖然想要嘗試開始做麵包……
可是應該很難吧？自己應該做不到吧？
即使是因有這些疑慮而至今都無法完成挑戰的人，
如果製作的是本書中介紹的佛卡夏也沒問題。
免揉麵只需攪拌即可&放在冰箱的蔬果保鮮室中慢慢發酵，
因為是像這樣簡單的食譜，所以非常容易製作。

雖然利用低溫發酵要花費較長的時間，但是晚上迅速製作之後，
在睡覺期間就完成發酵了，非常有效率！
花時間讓麵團發酵還有個好處，那就是
水分會充分滲透到麵粉裡面，引出麵粉的美味。

從鋪上香腸或乳酪的「鹹食系佛卡夏」
到鋪上水果或巧克力的「甜食系佛卡夏」……
豐富的變化應該會讓每天的餐桌變得更加多彩多姿。

SANDWICH

**夾入配料，
更有嚼勁！**

將厚度切成一半之後，夾入
自己喜歡的各種配料，就成
了豐盛的三明治。佛卡夏搭
配金平料理和照燒雞肉等日
式食材也很對味。

材料介紹

難得要製作佛卡夏，如能事先充分了解材料的話，就能開始順利地進行製作。要購買材料的時候，請務必詳讀過一遍之後再進行準備！

□ 高筋麵粉

本書中使用的是「春豐混合」麵粉（北海道產）。麵粉會影響佛卡夏的味道，所以請使用自己覺得好吃的麵粉。要做出日本人喜愛的柔軟Q彈口感，只有日本的國產小麥辦得到。

□ 鹽

主要是使用可以感受到鹹味和鮮味的「給宏德海鹽」製作，但是使用「伯方鹽」等也OK。麵團裡面使用的是顆粒細小、容易融合的鹽，而麵團的表面則可以使用能加強味道和口感的粗鹽。

□ 砂糖

本書中使用的是上白糖，但同樣可以使用黍砂糖或甜菜糖製作。砂糖除了可以為麵團增添甜度，還有促進酵母發酵的功能，以及為麵團增加濕潤感的作用。

□ 速發乾酵母

讓麵團膨脹起來的酵母是製作佛卡夏時不可欠缺的材料。如果使用發酵能力強的速發乾酵母，不需要預先發酵就能混入麵團中，非常方便。本書中減少使用的分量，讓麵團慢慢發酵。

□ 橄欖油

本書中使用的是特級初榨橄欖油。加入麵團中，或是淋在麵團表面，可使風味變得更好，吃起來更香。特別是要淋在烤好的麵包上的橄欖油，選用品質優良的橄欖油，就能使味道層次更加提升。

□ 牛奶

鹹食系的菜餚佛卡夏是在麵團中加水製作，而甜食系佛卡夏則是把水換成牛奶來製作。添加牛奶製作的話，就會變成像點心麵包一樣牛奶味十足的麵團，味道變得很濃郁。

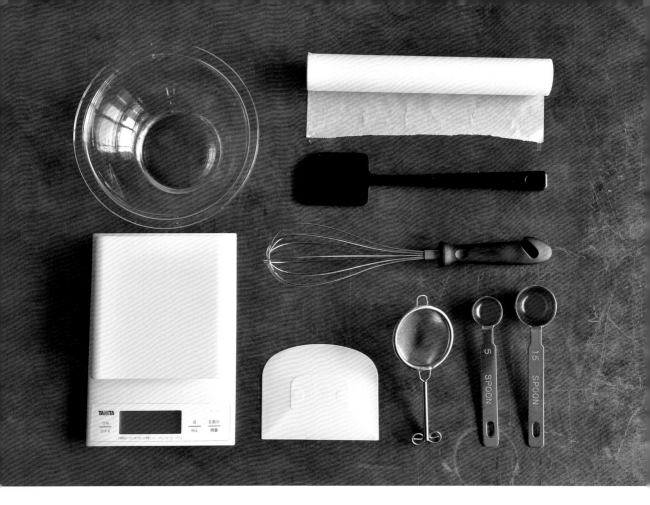

器具介紹

佛卡夏可以利用手邊的器具輕鬆完成也是它的優點。基本上，大家使用家中現有的器具就可以了，但是尺寸大小和用途等請參考以下的說明。

□ 缽盆

直徑約18cm的缽盆，容易攪拌也容易使用。發酵的時候，尺寸過大的缽盆要放入蔬果保鮮室中會很不方便，所以請選用適當大小的缽盆。

□ 電子秤

製作佛卡夏時，特別需要正確地計量酵母。因為會影響發酵，所以請使用1g以下的單位也能計量的磅秤。

□ 烘焙紙

烘烤佛卡夏的時候，鋪在烤盤、長方形淺盆或模具中，防止麵團沾黏。也可以使用清洗之後可以重複使用的烘焙紙。

□ 橡皮刮刀

使用握柄部分和刮刀部分一體成型的橡皮刮刀。混合粉類和水分的時候，使用握柄長的橡皮刮刀，就可以不弄髒手進行攪拌。

□ 打蛋器

打蛋器可以讓酵母很有效率地與水分拌勻。建議使用容易握持、拿起來很順手的打蛋器，沒有的話，也可以用叉子代替。

□ 刮板

在混拌已經產生黏性的麵團時，或是要從缽盆中取出麵團時，使用起來很方便。刮板有適當的硬度和彈性的話，就很容易進行作業。

□ 小網篩

使用小網篩，就能將手粉均勻地篩撒在麵團的上面。手粉的分量，請調整成麵團不會沾黏在作業台和手上的程度。

□ 量匙

在計量材料的時候使用。加入麵團中的鹽、砂糖、油，即使不使用電子秤，也可以用量匙來量測容易計量的分量。

開始製作之前，先詳閱此處的說明吧！
佛卡夏 Q & A

在製作的過程中，有時候會發出「哎呀，為什麼？」這樣的疑問吧。
難得要製作佛卡夏，事先了解流程的重點或結構的話，
就不會失敗，或是產生疑惑，可以讓作業進行下去。

Q1 水和牛奶的溫度重要嗎？

A 水和牛奶的溫度會對麵團的發酵產生影響，非常重要！麵團的溫度太冷的話會無法順利發酵，需特別留意。使用的麵粉，在常溫的狀況下最適合發酵的水溫，在室溫20℃左右的「春、秋季」是20～25℃，在室溫10℃左右的「冬季」是30～35℃，在室溫30℃以上的「夏季」是0～5℃。「春、秋季」時直接使用過濾後的自來水就可以順利製作，但是「夏季」時請把水放入冷藏室中冰涼，「冬季」時請把水以微波爐稍微加熱。如果是牛奶的話，因為一般都會放入冷藏室中冷藏，所以請隨著不同的季節以微波爐加熱，調整牛奶的溫度。

Q2 為什麼要進行摺疊麵團的作業呢？

A 幾乎不用揉和、只需攪拌即可的麵團，讓作為佛卡夏骨架的「麩質（麵筋）」筋性呈現薄弱的狀態。藉由一般稱為「翻麵」的摺疊作業，強化彈性和黏性之後，可以讓麵團的膨脹效果更好，具有使麵團變得膨鬆柔軟的作用！要摺疊的時候，先將手用水沾濕，麵團就不會黏在手上，比較容易進行作業。

Q3 為什麼放入蔬果保鮮室前要先靜置在室溫中？

A 在進行麵團摺疊步驟的前後，都將麵團靜置在室溫中30分鐘，可以喚醒麵團內的酵母菌，讓發酵容易順利地進行。因為馬上放進冰箱降溫，會讓發酵無法順利進行，所以靜置一下，來讓麵團的發酵膨脹更有效率吧。

Q4 為什麼要放入蔬果保鮮室呢？

A 冰箱的溫度，冷藏室平均是5℃，蔬果保鮮室平均是7℃。如果將麵團放入冷藏室，發酵會變成幾乎停止的狀態，而如果放入蔬果保鮮室，發酵就會變成慢慢進行的狀態。如果不是立刻要烘烤麵團，又不希望發酵繼續進行下去，請將麵團移入冷藏室中。

Q5 將麵團上下翻面會比較好嗎？

A 麵團上下翻面後使收口黏合的部分朝下，讓表面整成平滑的狀態，可以讓佛卡夏烘烤完成後外觀變得很漂亮。

Q6 如果沒有膨脹成2倍大，該怎麼辦？

A 如果靜置8小時以上，麵團還是沒有膨脹成2倍大，請將麵團暫時靜置在室溫中，等待發酵的進行。麵團沒有膨脹的原因，有可能是水溫不適當，或是酵母過期了。水溫要以溫度計測量，酵母要密封起來放在冷藏室中保存，請在1～2個月內使用完畢。此外，將麵團膨脹前的高度以紙膠帶在缽盆做上記號，就能很容易分辨出膨脹的狀態。

發酵前

發酵後

Q7 沒烤熟的原因是什麼？

A 一旦鋪上滿滿的配料，會讓熱力變得很難傳導到麵團裡。此外，水分多的配料很難烤熟，所以有時候也會麵團變得烤不熟。徹底瀝乾配料的水分、不要鋪放過多的配料、將麵團弄薄一點再將烘烤時間拉長一點！這些都是避免麵團沒烤熟的要訣。

Q8 麵團可以保存大約多久呢？

A 以第一次發酵後的狀態，在蔬果保鮮室中可以保存大約2天（到第3天為止）。烘烤過的佛卡夏在室溫中可以保存大約3天，但是未經揉麵製作出來的麵包很容易變得乾巴巴，所以可以的話請在當天或隔天食用完畢。吃不完的話請立即冷凍起來！以保鮮膜包覆之後裝進冷凍用保鮮袋中，放在冷凍室中可以保存大約2週。要享用的時候，可以將麵包自然解凍，也可以直接以結凍的狀態用蒸鍋蒸熱。

Q9 在室溫中進行第一次發酵，就算沒靜置一晚也能進行烘烤嗎？

A 如果是要當天烘烤的話，可以不放入蔬果保鮮室、直接置於室溫中，等膨脹到約2倍大就OK了（依照季節和室溫，所需的時間各有不同）。雖然讓麵團在蔬果保鮮室中發酵，水分充分滲透麵粉之後也有提引出麵粉美味的效果，但是請配合自己的生活型態進行第一次發酵。

Q10 為什麼要撒手粉呢？

A 第一次發酵後的麵團，表面呈現黏答答容易沾黏的狀態。如果直接取出麵團放在作業台上會很難進行作業，所以先撒上手粉，讓麵團不會黏在作業台和手上。

Q11 準備好哪些器具，製作時比較方便呢？

A 溫度計和電子秤。使用溫度計測量水、牛奶和麵團的溫度，可以讓麵團進行發酵時不會失敗。一旦熟悉電子秤的用法之後，就可以把缽盆放在電子秤上面，一邊計量材料一邊進行作業，非常方便。加入材料之後，一次又一次地歸零，可以陸陸續續地加入材料同時進行計量，非常有效率。

Q12 用保鮮盒也能製作嗎？

A 如果是底部像缽盆一樣呈圓弧狀的保鮮盒，就可以代替缽盆使用。因為保鮮盒附有盒蓋，所以麵團發酵時不需要使用保鮮膜，可以避免浪費。

Part 1

佛卡夏

有時直接享用，有時搭配料理，有時用來佐酒……
可以享受到各種不同的吃法、口感鬆軟的餐用麵包，也能輕鬆變化出不同的花樣。

FOCACCIA

── 原味佛卡夏 ──

烘烤完成後充滿橄欖油香氣和
鹽巴鮮味的佛卡夏，是一款風味簡單
令人欲罷不能，怎麼吃都吃不膩的麵包。

材料 （1個份）

A 高筋麵粉 … 130g
　鹽 … 1/2小匙（2.5g）
　砂糖 … 1大匙（9g）

B 速發乾酵母 … 1g
　水* … 90g
　橄欖油 … 1小匙

手粉（高筋麵粉）… 適量
橄欖油 … 1小匙
粗鹽 … 1小撮

＊水的溫度會影響發酵，所以要隨著季節調整。春、秋季是20～25℃，
夏季是0～5℃，冬季是30～35℃。詳情參照P.10。

① 混拌

將**B**的酵母放入缽盆中，加入水、橄欖油，以打蛋器攪拌溶勻。加入**A**之後以橡皮刮刀攪拌，等麵團產生黏性之後改用刮板混拌2～3分鐘，直到看不見粉粒為止。

② 摺疊麵團

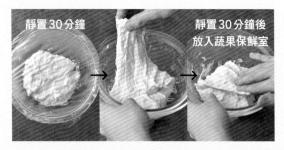

靜置30分鐘　　　　　　靜置30分鐘後放入蔬果保鮮室

將1覆蓋保鮮膜，在室溫中靜置30分鐘。將手用水沾濕，稍微抓起麵團的邊緣往上拉，然後朝中央摺疊。以相同的方式將麵團的周圍轉一圈摺疊起來（約6次），上下翻面後再度覆蓋保鮮膜。在室溫中靜置30分鐘，然後放入冷藏室（蔬果保鮮室）中。

③ 第一次發酵（在蔬果保鮮室中靜置一個晚上）

約8小時後

將2的麵團靜置一晚以上（約8小時），進行第一次發酵，直到變成約2倍的大小。以小網篩將手粉撒滿麵團的表面，然後將刮板插入麵團和缽盆之間轉一圈，輕柔地將麵團剝離缽盆。連同缽盆整個倒扣，然後慢慢地拿起缽盆，取出麵團放在作業台上（※如果缽盆和麵團黏在一起，就用手指輕輕剝離）。

④ 將麵團摺成3折

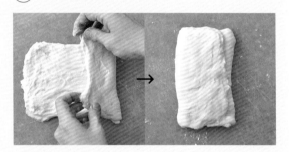

用手指拉開麵團，延展成約12×20cm的長方形，然後將左右兩邊往內側各摺入1/3。

⑤ 第二次發酵

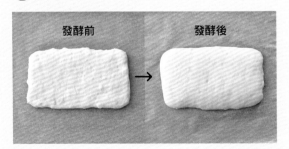

發酵前　　　　　　發酵後

將4的黏合處朝下，放在鋪有烘焙紙的烤盤上，整型成約10×15cm、厚度約1.5cm。放入烤箱中，以35℃的發酵模式進行第二次發酵45分鐘（※如果烤箱沒有發酵模式，就用濕布巾蓋住，在室溫中靜置1小時～1小時30分鐘，直到麵團變大一圈為止）。

⑥ 以烤箱烘烤

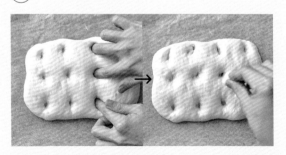

取出5之後，將烤箱預熱至190℃。將1/2小匙橄欖油塗抹在麵團的表面，然後用手指插入麵團中壓到快貼到底部，戳出12個孔洞，撒上粗鹽。以190℃的烤箱烘烤約16分鐘，取出之後淋上1/2小匙橄欖油。

ROSEMARY
迷迭香

香氣濃郁的迷迭香，只需擺上去就能帶來芬芳的特殊風味！
它是能將味道單純的佛卡夏襯托得更加美味的食材。

材料 （1個份）

A 高筋麵粉 … 130g

  鹽 … 1/2小匙（2.5g）

  砂糖 … 1大匙（9g）

B 速發乾酵母 … 1g

  水 … 90g

  橄欖油 … 1小匙

手粉（高筋麵粉）… 適量

橄欖油 … 1小匙

粗鹽 … 1小撮

＜配料＞

迷迭香 … 1枝

麵團一經烘烤會膨脹起來，所以如果
只是將配料放在上面，有時在烘烤的
過程中就會掉落下來。將手指深深地
插入麵團中戳出孔洞之後，請將配料
確實地塞入孔洞之中。

作法

1　將**B**依照材料表的順序放入缽盆中，以打蛋器攪拌溶勻。加入**A**之後以橡皮刮刀攪拌，等麵團產生黏性之後以刮板混拌2～3分鐘，直到看不見粉粒為止。

2　將1覆蓋保鮮膜，在室溫中靜置30分鐘。將手用水沾濕，拉起麵團的邊緣摺疊起來。以相同的方式將麵團轉一圈摺疊起來，上下翻面後再度覆蓋保鮮膜，在室溫中靜置30分鐘。

3　將2放入蔬果保鮮室中，靜置一晚以上，進行第一次發酵，直到麵團變成約2倍的大小。麵團表面撒滿手粉之後，將刮板插入麵團和缽盆之間轉一圈，使麵團剝離缽盆，然後連同缽盆整個倒扣，取出麵團放在作業台上。

4　用手指拉開麵團，延展成長方形，然後將左右兩邊往內側各摺入1/3。將麵團的黏合處朝下，放在鋪有烘焙紙的烤盤上，整型成厚度約1.5cm。放入烤箱中，以35℃的發酵模式進行第二次發酵45分鐘。

5　取出4之後，將烤箱預熱至190℃。將1/2小匙橄欖油塗抹在麵團的表面，用手指插入麵團中壓到快貼到底部，戳出12個孔洞。將捏成小段的迷迭香均等地塞入孔洞中，然後撒上粗鹽，以190℃的烤箱烘烤約16分鐘。取出之後淋上1/2小匙橄欖油。

CAMEMBERT CHEESE
卡門貝爾乳酪

卡門貝爾乳酪融化之後溢出孔洞，烤得很酥脆的部分也很美味。
乳酪也可以用高達乳酪、切達乳酪、帕馬森乳酪等自己喜愛的乳酪來製作。

材料 （1個份）

A 高筋麵粉 … 130g
 鹽 … 1/2小匙（2.5g）
 砂糖 … 1大匙（9g）
B 速發乾酵母 … 1g
 水 … 90g
 橄欖油 … 1小匙
手粉（高筋麵粉）… 適量
橄欖油 … 1小匙
粗鹽 … 1小撮
粗粒黑胡椒 … 少許
＜配料＞
卡門貝爾乳酪 … 1個（90g）

作法

1　將**B**依照材料表的順序放入缽盆中，以打蛋器攪拌溶勻。加入**A**之後以橡皮刮刀攪拌，等麵團產生黏性之後以刮板混拌2～3分鐘，直到看不見粉粒為止。

2　將1覆蓋保鮮膜，在室溫中靜置30分鐘。將手用水沾濕，拉起麵團的邊緣摺疊起來。以相同的方式將麵團轉一圈摺疊起來，上下翻面後再度覆蓋保鮮膜，在室溫中靜置30分鐘。

3　將2放入蔬果保鮮室中，靜置一晚以上，進行第一次發酵，直到麵團變成約2倍的大小。麵團表面撒滿手粉之後，將刮板插入麵團和缽盆之間轉一圈，使麵團剝離缽盆，然後連同缽盆整個倒扣，取出麵團放在作業台上。

4　用手指拉開麵團，延展成長方形，然後將左右兩邊往內側各摺入1/3。將麵團的黏合處朝下，放在鋪有烘焙紙的烤盤上，整型成厚度約1.5cm。放入烤箱中，以35℃的發酵模式進行第二次發酵45分鐘。

5　卡門貝爾乳酪以放射狀切成8等份。

6　取出4後，將烤箱預熱至190℃。將1/2小匙橄欖油塗抹在麵團的表面，用手指插入麵團中壓到快貼到底部，戳出8個孔洞。將5均等地塞入孔洞中，然後撒上粗鹽、黑胡椒，以190℃的烤箱烘烤約16分鐘。取出之後淋上1/2小匙橄欖油。

GREEN OLIVES
綠橄欖

橄欖的鹹味讓佛卡夏變身為最美味的下酒菜。
也可以使用「橄欖鑲鯷魚」或「橄欖鑲紅椒」來製作。

材料 （1個份）

A 高筋麵粉 … 130g
 鹽 … 1/2小匙（2.5g）
 砂糖 … 1大匙（9g）
B 速發乾酵母 … 1g
 水 … 90g
 橄欖油 … 1小匙
手粉（高筋麵粉）… 適量
橄欖油 … 1小匙
＜配料＞
綠橄欖（去籽）… 6顆

作法

1　依照上記「卡門貝爾乳酪」的作法1～4以相同的作法製作。

2　橄欖橫切成一半。

3　取出麵團之後，將烤箱預熱至190℃。將1/2小匙橄欖油塗抹在麵團的表面，用手指插入麵團中壓到快貼到底部，戳出12個孔洞。將2均等地塞入孔洞中，以190℃的烤箱烘烤約16分鐘。取出之後淋上1/2小匙橄欖油。

綠橄欖

卡門貝爾乳酪

MUSTARD SAUSAGE
芥末籽醬香腸

也深受孩童和男性的喜愛！香腸多汁的鮮味和
芥末籽醬的酸味刺激食慾，吃了一定會想要再吃。

材料 （1個份）

A 高筋麵粉 … 130g

　鹽 … 1/2小匙（2.5g）

　砂糖 … 1大匙（9g）

B 速發乾酵母 … 1g

　水 … 90g

　橄欖油 … 1小匙

手粉（高筋麵粉）… 適量

橄欖油 … 1/2小匙

＜配料＞

維也納香腸 … 6根

芥末籽醬 … 2小匙

作法

1　將**B**依照材料表的順序放入缽盆中，以打蛋器攪拌溶勻。加入**A**之後以橡皮刮刀攪拌，等麵團產生黏性之後以刮板混拌2～3分鐘，直到看不見粉粒為止。

2　將1覆蓋保鮮膜，在室溫中靜置30分鐘。將手用水沾濕，拉起麵團的邊緣摺疊起來。以相同的方式將麵團轉一圈摺疊起來，上下翻面後再度覆蓋保鮮膜，在室溫中靜置30分鐘。

3　將2放入蔬果保鮮室中，靜置一晚以上，進行第一次發酵，直到麵團變成約2倍的大小。麵團表面撒滿手粉之後，將刮板插入麵團和缽盆之間轉一圈，使麵團剝離缽盆，然後連同缽盆整個倒扣，取出麵團放在作業台上。

4　用手指拉開麵團，延展成長方形，然後將左右兩邊往內側各摺入1/3。將麵團的黏合處朝下，放在鋪有烘焙紙的烤盤上，整型成厚度約1.5cm。放入烤箱中，以35℃的發酵模式進行第二次發酵45分鐘。

5　香腸斜切成一半。

6　取出4後，將烤箱預熱至190℃。將橄欖油塗抹在麵團的表面，用手指插入麵團中壓到快貼到底部，戳出12個孔洞。依照順序將芥末籽醬、5均等地塞入孔洞中，以190℃的烤箱烘烤約16分鐘。

BASIL TOMATO
番茄羅勒

在佛卡夏的發源地義大利，這款也是正宗的組合。
因為羅勒容易烤焦，所以一定要放入番茄底下來烘烤。

材料 （1個份）

A 高筋麵粉 … 130g

　鹽 … 1/2小匙（2.5g）

　砂糖 … 1大匙（9g）

B 速發乾酵母 … 1g

　水 … 90g

　橄欖油 … 1小匙

手粉（高筋麵粉）… 適量

橄欖油 … 1小匙

粗鹽 … 1小撮

＜配料＞

小番茄 … 6個

羅勒（葉）… 12片

作法

1　依照上記「芥末籽醬香腸」的作法1～4以相同的作法製作。

2　小番茄去除蒂頭之後縱切成一半。

3　取出麵團之後，將烤箱預熱至190℃。將1/2小匙橄欖油塗抹在麵團的表面，用手指插入麵團中壓到快貼到底部，戳出12個孔洞。依照順序將羅勒、2均等地塞入孔洞中，然後撒上粗鹽，以190℃的烤箱烘烤約16分鐘。取出之後淋上1/2小匙橄欖油。

芥末籽醬香腸

番茄羅勒

青花菜鯷魚

蓮藕鱈魚子

FOCACCIA

烤玉米

蕈菇

青花菜鯷魚

為了保留口感，青花菜燙煮得稍硬一點是重點所在！
淋上橄欖油，蔬菜就不容易烤焦了。

材料　（1個份）

A 高筋麵粉 ⋯ 130g
　┌ 鹽 ⋯ 1/2小匙（2.5g）
　└ 砂糖 ⋯ 1大匙（9g）
B 速發乾酵母 ⋯ 1g
　┌ 水 ⋯ 90g
　└ 橄欖油 ⋯ 1小匙
手粉（高筋麵粉）⋯ 適量
橄欖油 ⋯ 比1小匙稍多
粗鹽 ⋯ 1小撮
＜配料＞
青花菜（分成小朵）⋯ 11朵
鯷魚（菲力）⋯ 3片

作法

1　將**B**依照材料表的順序放入缽盆中，以打蛋器攪拌溶勻。加入**A**之後以橡皮刮刀攪拌，等麵團產生黏性之後以刮板混拌2～3分鐘，直到看不見粉粒為止。

2　將1覆蓋保鮮膜，在室溫中靜置30分鐘。將手用水沾濕，拉起麵團的邊緣摺疊起來。以相同的方式將麵團轉一圈摺疊起來，上下翻面後再度覆蓋保鮮膜，在室溫中靜置30分鐘。

3　將2放入蔬果保鮮室中，靜置一晚以上，進行第一次發酵，直到麵團變成約2倍的大小。麵團表面撒滿手粉之後，將刮板插入麵團和缽盆之間轉一圈，使麵團剝離缽盆，然後連同缽盆整個倒扣，取出麵團放在作業台上。

4　用手指拉開麵團，延展成長方形，然後將左右兩邊往內側各摺入1/3。將麵團的黏合處朝下，放在鋪有烘焙紙的烤盤上，整型成厚度約1.5cm。放入烤箱中，以35℃的發酵模式進行第二次發酵45分鐘。

5　在鍋中將水煮滾後放入青花菜，燙煮約1分鐘，然後瀝乾水分。鯷魚剝碎成11等分。

6　取出4後，將烤箱預熱至190℃。將1/2小匙橄欖油塗抹在麵團的表面，用手指插入麵團中壓到快貼到底部，戳出11個孔洞。依照順序將鯷魚、青花菜均等地塞入孔洞中，青花菜淋上少許橄欖油，然後撒上粗鹽。以190℃的烤箱烘烤約16分鐘，取出之後淋上1/2小匙橄欖油。

蓮藕鱈魚子

蓮藕挑選根莖較細的，就可以製作出可愛的成品。
使用新鮮度佳的蓮藕，烤製完成時顏色就不會變黑。

材料　（1個份）

A 高筋麵粉 ⋯ 130g
　┌ 鹽 ⋯ 1/2小匙（2.5g）
　└ 砂糖 ⋯ 1大匙（9g）
B 速發乾酵母 ⋯ 1g
　┌ 水 ⋯ 90g
　└ 橄欖油 ⋯ 1小匙
手粉（高筋麵粉）⋯ 適量
橄欖油 ⋯ 1小匙
＜配料＞
蓮藕（根莖較細的）⋯ 9cm
鱈魚子 ⋯ 40g

作法

1　依照上記「青花菜鯷魚」的作法1～4以相同的作法製作。

2　蓮藕以削皮刀削除外皮之後切成12等分的圓形切片。鱈魚子切成12等分。

3　取出麵團之後，將烤箱預熱至190℃。將1/2小匙橄欖油塗抹在麵團的表面，用手指插入麵團中壓到快貼到底部，戳出12個孔洞。依照順序將鱈魚子、蓮藕均等地塞入孔洞中，以190℃的烤箱烘烤約16分鐘。取出之後淋上1/2小匙橄欖油。

ROASTED CORN
烤玉米

在玉米的表面塗抹醬油，重現烤玉米的味道。
玉米使用真空包裝的市售品來製作也OK。

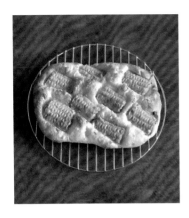

材料 （1個份）

A 高筋麵粉 … 130g
　　鹽 … 1/2小匙（2.5g）
　　砂糖 … 1大匙（9g）
B 速發乾酵母 … 1g
　　水 … 90g
　　橄欖油 … 1小匙
手粉（高筋麵粉）… 適量
橄欖油 … 1/2小匙
粗鹽 … 1小撮
＜配料＞
玉米（水煮）… 1/2根
醬油 … 1小匙

作法

1　依照左頁「青花菜鰻魚」的作法
　　1～4以相同的作法製作。

2　玉米將長度切成一半，再將玉米
　　粒的部分削切成4等分。

3　取出麵團之後，將烤箱預熱至
　　190℃。將橄欖油塗抹在麵團的表
　　面，用手指插入麵團中壓到快貼
　　到底部，戳出12個孔洞。將**2**隔
　　開間距塞入麵團中，用刷子將醬
　　油塗抹在玉米表面。撒上粗鹽，
　　以190℃的烤箱烘烤約16分鐘。

MUSHROOM
蕈菇

大蒜風味的蕈菇充滿鮮味，分量也非常夠。
蕈菇改用蘑菇或香菇來製作，也能做得很美味。

材料 （1個份）

A 高筋麵粉 … 130g
　　鹽 … 1/2小匙（2.5g）
　　砂糖 … 1大匙（9g）
B 速發乾酵母 … 1g
　　水 … 90g
　　橄欖油 … 1小匙
手粉（高筋麵粉）… 適量
橄欖油 … 比1大匙稍多
＜配料＞
鴻喜菇、舞菇、杏鮑菇等
　　個人喜愛的蕈菇 … 合計180g
大蒜（切成薄片）… 1瓣份
醬油 … 1大匙

作法

1　依照左頁「青花菜鰻魚」的作法
　　1～4以相同的作法製作。

2　鴻喜菇切除底部之後分成小株，舞
　　菇也分成小株。杏鮑菇將長度切成
　　一半，再縱成5mm寬。在平底鍋
　　中放入1大匙橄欖油，然後放入大
　　蒜，以中火加熱，冒出香氣之後加
　　入蕈菇，以稍大的中火拌炒。炒到
　　稍微上色之後，加入醬油，炒到水
　　分收乾。取出之後放涼。

3　取出麵團之後，將烤箱預熱至
　　190℃。將1/2小匙橄欖油塗抹在
　　麵團的表面，然後用手指插入麵團
　　中壓到快貼到底部，將整個麵團戳
　　出孔洞，整平。將**2**擺在上面，以
　　190℃的烤箱烘烤約16分鐘。

蔬菜披薩

將麵團拉開變薄，再擺上鮮豔多彩的蔬菜，就能烤製出口感鬆軟的披薩風味！
為了讓蔬菜容易烤熟，請將蔬菜切成薄片。

材料 （1個份）

A 高筋麵粉 … 130g
　鹽 … 1/2小匙（2.5g）
　砂糖 … 1大匙（9g）
B 速發乾酵母 … 1g
　水 … 90g
　橄欖油 … 1小匙
手粉（高筋麵粉）… 適量
橄欖油 … 1又1/2小匙
粗鹽 … 1小撮
＜配料＞
櫛瓜、紅蘿蔔、馬鈴薯、
　茄子 … 各3cm
南瓜 … 4cm大小
小番茄 … 3個
披薩用乳酪 … 50g

作法

1 將**B**依照材料表的順序放入缽盆中，以打蛋器攪拌溶勻。加入**A**之後以橡皮刮刀攪拌，等麵團產生黏性之後以刮板混拌2～3分鐘，直到看不見粉粒為止。

2 將1覆蓋保鮮膜，在室溫中靜置30分鐘。將手用水沾濕，拉起麵團的邊緣摺疊起來。以相同的方式將麵團轉一圈摺疊起來，上下翻面後再度覆蓋保鮮膜，在室溫中靜置30分鐘。

3 將2放入蔬果保鮮室中，靜置一晚以上，進行第一次發酵，直到麵團變成約2倍的大小。麵團表面撒滿手粉之後，將刮板插入麵團和缽盆之間轉一圈，使麵團剝離缽盆，然後連同缽盆整個倒扣，取出麵團放在作業台上。

4 用手指拉開麵團，延展成長方形，然後將左右兩邊往內側各摺入1/3。將麵團的黏合處朝下，放在鋪有烘焙紙的烤盤上，整型成厚度約1.5cm。放入烤箱中，以35℃的發酵模式進行第二次發酵45分鐘。

5 將櫛瓜、紅蘿蔔、馬鈴薯、茄子、南瓜切成3～4mm的厚度。小番茄去除蒂頭後縱切成一半。

6 取出**4**後，將烤箱預熱至190℃。將1/2小匙橄欖油塗抹在麵團的表面，周圍保留約1cm，用手指壓平延展成約15×22cm的長方形。撒上披薩用乳酪之後將**5**分別排列在上面，然後淋上1/2小匙橄欖油，撒上粗鹽。以190℃的烤箱烘烤約18分鐘，取出之後淋上1/2小匙橄欖油。

要做成披薩風味的時候，將麵團的邊緣保留約1cm，然後為了不讓麵團膨脹起來，請用手指用力按壓，整型為扁平的麵團。建議大家，還可以將配料替換成自己喜愛的素材，也可以塗抹番茄醬，做出其他的變化。

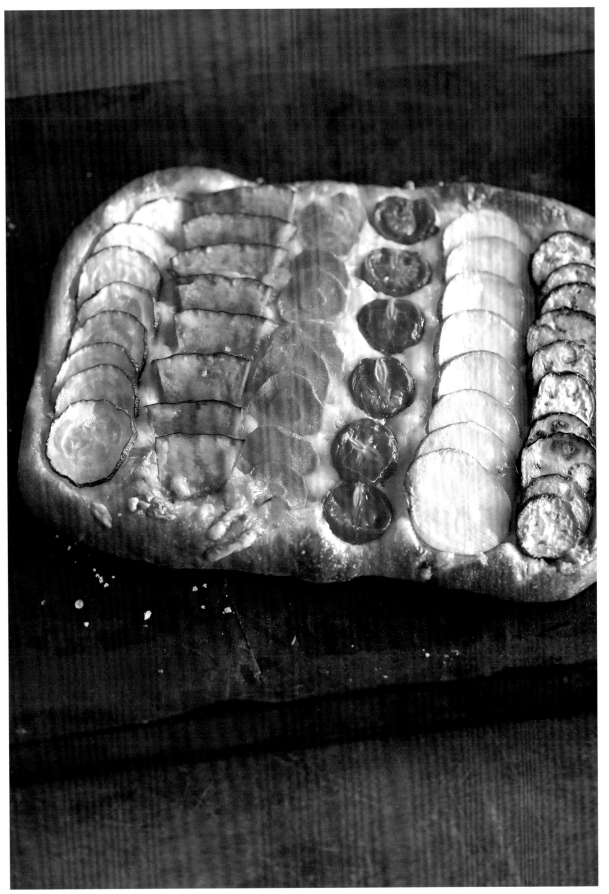

生火腿櫛瓜

將切成薄片的櫛瓜排列在一起，製作出華麗的外觀。
將生火腿濃厚的鮮味捲進麵團裡，也很適合用來搭配葡萄酒。

材料 （1個份）

A 高筋麵粉 … 130g
 ├ 鹽 … 1/2小匙（2.5g）
 └ 砂糖 … 1大匙（9g）
B 速發乾酵母 … 1g
 ├ 水 … 90g
 └ 橄欖油 … 1小匙
手粉（高筋麵粉）… 適量
橄欖油 … 1小匙
粗鹽 … 1小撮
＜配料＞
櫛瓜 … 1/2根
生火腿 … 40g

作法

1　將**B**依照材料表的順序放入缽盆中，以打蛋器攪拌溶勻。加入**A**之後以橡皮刮刀攪拌，等麵團產生黏性之後以刮板混拌2～3分鐘，直到看不見粉粒為止。

2　將**1**覆蓋保鮮膜，在室溫中靜置30分鐘。將手用水沾濕，拉起麵團的邊緣摺疊起來。以相同的方式將麵團轉一圈摺疊起來，上下翻面後再度覆蓋保鮮膜，在室溫中靜置30分鐘。

3　將**2**放入蔬果保鮮室中，靜置一晚以上，進行第一次發酵，直到麵團變成約2倍的大小。

4　櫛瓜以刨片器縱向刨成薄片，先預留8片形狀漂亮的櫛瓜片作為上表面的裝飾用。

5　在**3**的上面撒滿手粉之後，將刮板插入麵團和缽盆之間轉一圈，使麵團剝離缽盆，然後連同缽盆整個倒扣，取出麵團放在作業台上。

6　用手指拉開麵團，延展成長方形，然後將生火腿攤平擺在上面，再將沒有要作為上表面裝飾用的櫛瓜片攤平，疊在生火腿上面。將麵團的左右兩邊往內側各摺入1/3，然後將黏合處朝下，放在鋪有烘焙紙之烤盤上。按壓整個麵團，整型壓平成厚度約1cm，然後放入烤箱中，以35℃的發酵模式進行第二次發酵45分鐘。

7　取出**6**後，將烤箱預熱至190℃。將1/2小匙橄欖油塗抹在麵團的表面，然後用手指插入麵團中壓到快貼到底部，戳出12個孔洞。將上表面裝飾用的櫛瓜片稍微重疊擺放在麵團上面，然後將兩端的部分往麵團的下方摺進去。淋上1/2小匙橄欖油之後撒上粗鹽，以190℃的烤箱烘烤約20分鐘。

因為在麵團裡面和整個表面加入了櫛瓜，所以除了成形時麵團要比平常壓得稍微扁平一點之外，烘烤時間要設定得久一點，以免麵團沒有烤熟。將生火腿換成培根片或薩拉米香腸來製作也很美味。

攪拌麵團的時候，試著加入蔬菜或乾燥食材吧。
口感或風味改變之後，可以享用到不同樣貌的佛卡夏。

PUMPKIN CUMIN

南瓜小茴香

暖心的甜味令人吃了就上癮的樸素滋味。
小茴香帶有異國風味的香氣，引出更多南瓜的魅力。

材料 （1個份）

A 高筋麵粉 … 130g
　鹽 … 1/2小匙（2.5g）
　砂糖 … 1大匙（9g）
B 速發乾酵母 … 1g
　水 … 85g
　橄欖油 … 1小匙
手粉（高筋麵粉）… 適量
橄欖油 … 1/2小匙
＜配料＞
南瓜 … 淨重80g
南瓜籽（乾燥）… 10g
小茴香籽 … 1/4小匙（1g）

作法

1　南瓜去皮之後切成一口的大小。排列在耐熱容器中，鬆鬆地覆蓋保鮮膜，以微波爐（600W）加熱2分20秒。趁熱以叉子壓碎，然後直接放涼。

2　將**B**依照材料表的順序放入缽盆中，以打蛋器攪拌溶勻。加入1、**A**之後以橡皮刮刀攪拌，等麵團產生黏性之後以刮板混拌2～3分鐘，直到看不見粉粒為止。

3　將**2**覆蓋保鮮膜，在室溫中靜置30分鐘。將手用水沾濕，拉起麵團的邊緣摺疊起來。以相同的方式將麵團轉一圈摺疊起來，上下翻面後再度覆蓋保鮮膜，在室溫中靜置30分鐘。

4　將**3**放入蔬果保鮮室中，靜置一晚以上，進行第一次發酵，直到麵團變成約2倍的大小。麵團表面撒滿手粉之後，將刮板插入麵團和缽盆之間轉一圈，使麵團剝離缽盆，然後連同缽盆整個倒扣，取出麵團放在作業台上。

5　用手指拉開麵團，延展成長方形，然後將左右兩邊往內側各摺入1/3。將麵團的黏合處朝下，放在鋪有烘焙紙的烤盤上，整型成厚度約1.5cm。放入烤箱中，以35℃的發酵模式進行第二次發酵45分鐘。

6　取出**5**後，將烤箱預熱至190℃。將橄欖油塗抹在麵團的表面，然後用手指插入麵團中壓到快貼到底部，戳出12個孔洞。撒上南瓜籽、小茴香籽，以190℃的烤箱烘烤約16分鐘。

因為會對發酵狀況產生影響，所以南瓜以微波爐加熱之後要放涼，這點很重要。攪拌的時候要充分混合，直到南瓜與其他材料融合，顏色變得均勻為止。水分很多的冷凍蔬菜會改變麵團的水分分量，所以請不要使用冷凍蔬菜。

MASHED POTATOES

馬鈴薯泥

馬鈴薯的澱粉造成軟綿Q彈的效果。單純的美味，
與原味佛卡夏一樣，也可以將蔬菜等鋪在上表面再烘烤。

材料（1個份）

A 高筋麵粉 … 130g
　鹽 … 1/2小匙（2.5g）
　砂糖 … 1大匙（9g）

B 速發乾酵母 … 1g
　水 … 90g
　橄欖油 … 1小匙

手粉（高筋麵粉）… 適量

橄欖油 … 1小匙

粗鹽 … 1小撮

＜配料＞

馬鈴薯（中）
　　… 1個（淨重80g）

作法

1　馬鈴薯帶皮用保鮮膜包住，以微波爐（600W）加熱約2分30秒。趁熱剝除外皮，以叉子壓碎，然後直接靜置放涼。

2　將**B**依照材料表的順序放入缽盆中，以打蛋器攪拌溶勻。加入1、**A**之後以橡皮刮刀攪拌，等麵團產生黏性之後以刮板混拌2～3分鐘，直到看不見粉粒為止。

3　將2覆蓋保鮮膜，在室溫中靜置30分鐘。將手用水沾濕，拉起麵團的邊緣摺疊起來。以相同的方式將麵團轉一圈摺疊起來，上下翻面後再度覆蓋保鮮膜，在室溫中靜置30分鐘。

4　將3放入蔬果保鮮室中，靜置一晚以上，進行第一次發酵，直到麵團變成約2倍的大小。麵團表面撒滿

手粉之後，將刮板插入麵團和缽盆之間轉一圈，使麵團剝離缽盆，然後連同缽盆整個倒扣，取出麵團放在作業台上。

5　用手指拉開麵團，延展成長方形，然後將左右兩邊往內側各摺入1/3。將麵團的黏合處朝下，放在鋪有烘焙紙的烤盤上，整型成厚度約1.5cm。放入烤箱中，以35℃的發酵模式進行第二次發酵45分鐘。

6　取出5後，將烤箱預熱至190℃。將1/2小匙橄欖油塗抹在麵團的表面，然後用手指插入麵團中壓到快貼到底部，戳出12個孔洞，撒上粗鹽。以190℃的烤箱烘烤約16分鐘，取出之後淋上1/2小匙橄欖油。

SWEET POTATO BUTTER

地瓜奶油

用了一整條地瓜，製作出嚼勁十足的口感！將以微波爐就能輕鬆完成的蜜地瓜，雙份活用在麵團裡以及作為頂飾配料。

材料（1個份）

A 高筋麵粉 … 130g
　鹽 … 1/2小匙（2.5g）
　砂糖 … 1大匙（9g）

B 速發乾酵母 … 1g
　水 … 90g
　橄欖油 … 1小匙

手粉（高筋麵粉）… 適量

橄欖油 … 1/2小匙

＜配料＞

地瓜（中）… 1條（約180g）

C 砂糖、味醂 … 各2大匙
　水 … 1大匙

奶油（切成9等分）… 10g

炒熟的黑芝麻 … 少許

作法

1　地瓜縱切成一半，再切成1cm寬。放入耐熱缽盆中，加入**C**，鬆鬆地覆蓋保鮮膜，以微波爐（600W）加熱約3分鐘。取出之後上下翻面，再度以相同的方式加熱1分鐘。放涼之後瀝乾水分，取出9片上表面裝飾用的地瓜片。其餘的地瓜片去皮之後，以叉子壓碎。

2　將**B**依照材料表的順序放入缽盆中，以打蛋器攪拌溶勻。加入1壓碎的地瓜、**A**之後以橡皮刮刀攪拌，等麵團產生黏性之後以刮板混拌2～3分鐘，直到看不見粉粒為止。

3　依照上記「馬鈴薯泥」的作法3～5以相同的作法製作。

4　取出麵團之後，將烤箱預熱至190℃。將橄欖油塗抹在麵團的表面，然後用手指插入麵團中壓到快貼到底部，戳出9個孔洞。將上表面裝飾用的地瓜均等地塞入孔洞中，地瓜的上面擺放奶油。撒上炒熟的黑芝麻，以190℃的烤箱烘烤約16分鐘。

AONORI BUTTER
青海苔奶油

青海苔和佛卡夏的組合有點讓人意想不到，但實際上卻非常對味。
奶油的濃醇和鹽也讓風味更加提升，是一款讓人一吃就停不下來的麵包。

材料 （1個份）

A 高筋麵粉 … 130g
　鹽 … 1/2小匙（2.5g）
　砂糖 … 1大匙（9g）
B 速發乾酵母 … 1g
　水 … 100g
　橄欖油 … 1小匙
手粉（高筋麵粉）… 適量
橄欖油 … 1/2小匙
粗鹽 … 1小撮
＜配料＞
青海苔（或石蓴苔）… 5g
奶油（切成12等分）… 15g

作法

1　將**B**依照材料表的順序放入缽盆中，以打蛋器攪拌溶勻。加入青海苔、**A**之後以橡皮刮刀攪拌，等麵團產生黏性之後以刮板混拌2～3分鐘，直到看不見粉粒為止。

2　將1覆蓋保鮮膜，在室溫中靜置30分鐘。將手用水沾濕，拉起麵團的邊緣摺疊起來。以相同的方式將麵團轉一圈摺疊起來，上下翻面後再度覆蓋保鮮膜，在室溫中靜置30分鐘。

3　將2放入蔬果保鮮室中，靜置一晚以上，進行第一次發酵，直到麵團變成約2倍的大小。麵團表面撒滿手粉之後，將刮板插入麵團和缽盆之間轉一圈，使麵團剝離缽盆，然後連同缽盆整個倒扣，取出麵團放在作業台上。

4　用手指拉開麵團，延展成長方形，然後將左右兩邊往內側各摺入1/3。將麵團的黏合處朝下，放在鋪有烘焙紙的烤盤上，整型成厚度約1.5cm。放入烤箱中，以35℃的發酵模式進行第二次發酵45分鐘。

5　取出4後，將烤箱預熱至190℃。將橄欖油塗抹在麵團的表面，然後用手指插入麵團中壓到快貼到底部，戳出12個孔洞。將奶油均等地塞入孔洞中，然後撒上粗鹽，以190℃的烤箱烘烤約16分鐘。

BLACK SESAME
黑芝麻

加入的油改成芝麻油，並且使用芝麻粉和炒熟的芝麻，做成濃厚的風味。
也可以夾入金平料理或龍田炸物等，做成日式食材的三明治。

材料 （1個份）

A 高筋麵粉 … 130g
　鹽 … 1/2小匙（2.5g）
　砂糖 … 1大匙（9g）
B 速發乾酵母 … 1g
　水 … 100g
　芝麻油 … 1小匙
手粉（高筋麵粉）… 適量
芝麻油 … 1/2小匙
＜配料＞
黑芝麻粉 … 15g
炒熟的黑芝麻 … 1大匙

作法

1　將**B**依照材料表的順序放入缽盆中，以打蛋器攪拌溶勻。加入黑芝麻粉、**A**之後以橡皮刮刀攪拌，等麵團產生黏性之後以刮板混拌2～3分鐘，直到看不見粉粒為止。

2　依照上記「青海苔奶油」的作法2～4以相同的作法製作。

3　取出麵團之後，將烤箱預熱至190℃。將芝麻油塗抹在麵團的表面，然後用手指插入麵團中壓到快貼到底部，戳出12個孔洞。撒上炒熟的黑芝麻，以190℃的烤箱烘烤約16分鐘。

菠菜培根乳酪

加入肉類、蔬菜、乳酪，營養＆分量都很充足。蔬菜也可以
使用味道微苦的油菜花或茼蒿製作！請務必選用當季盛產的蔬菜。

材料 （1個份）

A 高筋麵粉 … 130g
 鹽 … 1/2小匙（2.5g）
 砂糖 … 1大匙（9g）

B 速發乾酵母 … 1g
 水 … 90g
 橄欖油 … 1小匙

手粉（高筋麵粉）… 適量
橄欖油 … 1/2小匙
＜配料＞
菠菜 … 70g
培根（塊狀）… 50g
披薩用乳酪 … 40g
乳酪粉 … 1大匙

作法

1　鍋中煮滾熱水，放入菠菜汆燙約1分鐘。撈起後泡在冷水中，然後用力擠壓出水分，再切成2cm寬。培根切成1～2cm小丁。

2　將**B**依照材料表的順序放入缽盆中，以打蛋器攪拌溶勻。加入**A**之後以橡皮刮刀攪拌，等麵團產生黏性之後以刮板混拌2～3分鐘，直到看不見粉粒為止。加入**1**、披薩用乳酪，混拌均勻。

3　將**2**覆蓋保鮮膜，在室溫中靜置30分鐘。將手用水沾濕，拉起麵團的邊緣摺疊起來。以相同的方式將麵團轉一圈摺疊起來，上下翻面後再度覆蓋保鮮膜，在室溫中靜置30分鐘。

4　將**3**放入蔬果保鮮室中，靜置一晚以上，進行第一次發酵，直到麵團變成約2倍的大小。麵團表面撒滿手粉之後，將刮板插入麵團和缽盆之間轉一圈，使麵團剝離缽盆，然後連同缽盆整個倒扣，取出麵團放在作業台上。

5　用手指拉開麵團，延展成長方形，然後將左右兩邊往內側各摺入1/3。將麵團的黏合處朝下，放在鋪有烘焙紙的烤盤上，將厚度整型成約1.5cm。放入烤箱中，以35℃的發酵模式進行第二次發酵45分鐘。

6　取出**5**後，將烤箱預熱至190℃。將橄欖油塗抹在麵團的表面，然後用手指插入麵團中壓到快貼到底部，戳出12個孔洞。撒上乳酪粉，以190℃的烤箱烘烤約16分鐘。

請在混拌至看不見麵團的粉粒之後，才將固體的配料加進去。不論哪種麵團，都可以依照相同的要領，拌入燙青菜和肉類加工品等各種不同的配料。

最佳搭配！
佛卡夏 × 奶油乳酪變化款

與佛卡夏非常對味的推薦食材是奶油乳酪。
可以變化成鹹食和甜食，更加提升佛卡夏的美味程度。
有時也可以依個人喜好，試著在其他食譜中添加奶油乳酪！

番茄乾乳酪

材料 （1個份）

原味佛卡夏的材料
　　（參照P.12）… 全量
番茄乾 … 10g
奶油乳酪 … 30g
羅勒（乾燥）… 少許

原味佛卡夏的變化款

作法

依照基本的作法（參照P.13）1～6以相同的作法製作。接著，將番茄乾先用熱水泡到回軟、切成細絲，然後將麵團戳出16個孔洞後，再和奶油乳酪一起均等地塞入孔洞中。撒上羅勒之後，不撒粗鹽烘烤。

櫻花蝦蠶豆乳酪

材料 （1個份）

原味佛卡夏的材料
　　（參照P.12）… 全量
蠶豆（已剝除豆莢）… 12顆
奶油乳酪 … 30g
櫻花蝦（乾燥）… 5g

作法

依照基本的作法（參照P.13）1～6以相同的作法製作。接著，將蠶豆先汆燙1分鐘後剝除薄皮，然後再和奶油乳酪一起均等地塞入孔洞中，撒上櫻花蝦。不撒粗鹽烘烤，烤製完成後不淋上橄欖油。

味噌乳酪

材料 （1個份）

原味佛卡夏的材料
　　（參照P.12）… 全量
奶油乳酪 … 30g
味噌 … 7g
黑芝麻粉 … 少許

作法

依照基本的作法（參照P.13）1～6以相同的作法製作。接著，將奶油乳酪和味噌混合攪拌，在將麵團戳出16個孔洞後，再把混合好的奶油乳酪和味噌均等地塞入孔洞中，並撒上黑芝麻粉。不撒粗鹽烘烤，烤製完成後不淋上橄欖油。

蒔蘿鮭魚乳酪

材料 （1個份）

原味佛卡夏的材料
　　（參照P.12）… 全量
奶油乳酪 … 30g
煙燻鮭魚（切成16等分）… 50g
蒔蘿 … 1枝

作法

依照基本的作法（參照P.13）1～6以相同的作法製作。接著，將麵團戳出16個孔洞後，再將奶油乳酪、鮭魚、切碎的蒔蘿均等地塞入孔洞中，然後再將少許橄欖油（材料分量外）淋在鮭魚上。不撒粗鹽烘烤，烤製完成後不淋上橄欖油。

FOCACCIA × CREAM CHEESE

黃豆粉紅豆餡乳酪

材料 （1個份）

原味甜佛卡夏的材料
　（參照P.38）… 全量
紅豆餡（市售品）… 50g
奶油乳酪 … 20g
黃豆粉 … 6g

作法

依照基本的作法（參照P.39）1～6以相同的作法製作。接著，將紅豆餡、奶油乳酪均等地塞入孔洞中，不撒砂糖烘烤。放涼之後將黃豆粉、砂糖混合，以小網篩撒在上面。

蘭姆葡萄乳酪

材料 （1個份）

原味甜佛卡夏的材料
　（參照P.38）… 全量
葡萄乾、奶油乳酪 … 各30g
蘭姆酒 … 10g

作法

1 將葡萄乾放入容器中，淋上蘭姆酒，靜置一晚以上（約8小時）。

2 依照基本的作法（參照P.39）1～6以相同的作法製作。接著，將奶油乳酪、1均等地塞入孔洞中之後再烘烤。

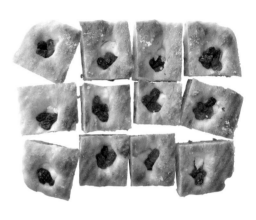

椰子芒果乳酪

材料 （1個份）

原味甜佛卡夏的材料
　（參照P.38）… 全量
奶油乳酪 … 30g
芒果（果乾、
　切成12等分）… 20g
椰子細粉 … 5g

作法

依照基本的作法（參照P.39）1～6以相同的作法製作。接著，將奶油乳酪、芒果均等地塞入孔洞中，再將砂糖和椰子細粉一起隨意撒在表面上，然後再烘烤。

花生醬乳酪

材料 （1個份）

原味甜佛卡夏的材料
　（參照P.38）… 全量
奶油乳酪 … 30g
花生醬（加糖）… 20g
花生（烘烤過、
　切成碎粒）… 3g

作法

依照基本的作法（參照P.39）1～6以相同的作法製作。接著，將奶油乳酪、花生醬均等地塞入孔洞中，再將砂糖和花生碎粒一起隨意撒在表面上，然後再烘烤。

FOCACCIA × CREAM CHEESE

Part 2

甜食系佛卡夏

佛卡夏除了鹹食口味外,也非常適合搭配甜的食材。
請盡情享用以牛奶製作、微甜的牛奶味麵包體。

── 原味甜佛卡夏 ──

撒上少量砂糖加以烘烤,可以感受到
溫和的甜味。將奶油塞入孔洞之中,
做成砂糖奶油口味烘烤也很美味。請務必一試!

SWEETS FOCACCIA

材料 (1個份)

A 高筋麵粉 … 130g

　鹽 … 1/2小匙 (2.5g)

　砂糖 … 1又1/2大匙 (13g)

B 速發乾酵母 … 1g

　牛奶* … 100g

　橄欖油 … 1小匙

手粉(高筋麵粉)… 適量

橄欖油 … 1/2小匙

砂糖 … 1小匙

*牛奶的溫度會影響發酵,所以要隨著季節調整。春、秋季是20～
25℃(以微波爐加熱15秒),夏季是0～5℃,冬季是30～35℃(加
熱25秒)。詳情參照P.10。

① 混拌

將**B**的酵母放入缽盆中，加入牛奶、橄欖油，然後以打蛋器攪拌溶勻。加入**A**之後以橡皮刮刀攪拌，等麵團產生黏性之後改用刮板混拌2～3分鐘，直到看不見粉粒為止。

② 摺疊麵團

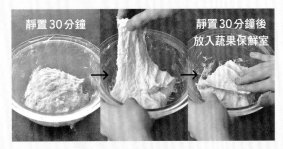

靜置30分鐘　　　　　　　靜置30分鐘後放入蔬果保鮮室

將1覆蓋保鮮膜，在室溫中靜置30分鐘。將手用水沾濕，稍微抓起麵團的邊緣往上拉，然後朝中央摺疊。以相同的方式將麵團的周圍轉一圈摺疊起來（約6次），上下翻面後再度覆蓋保鮮膜。在室溫中靜置30分鐘，然後放入冷藏室（蔬果保鮮室）中。

③ 第一次發酵（在蔬果保鮮室中靜置一個晚上）

約8小時後

將2的麵團靜置一晚以上（約8小時），進行第一次發酵，直到變成約2倍的大小。以小網篩將手粉撒滿麵團的表面，然後將刮板插入麵團和缽盆之間轉一圈，輕柔地將麵團剝離缽盆。連同缽盆整個倒扣，然後慢慢地拿起缽盆，取出麵團放在作業台上（※如果缽盆和麵團黏在一起，就用手指輕輕剝離）。

④ 將麵團摺成3折

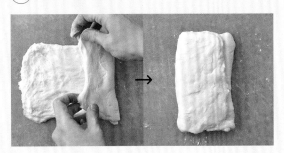

用手指拉開麵團，延展成約12×20cm的長方形，然後將左右兩邊往內側各摺入1/3。

⑤ 第二次發酵

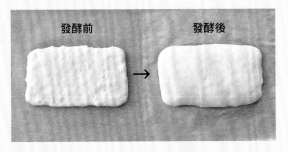

發酵前　　　　　　　　　發酵後

將4的黏合處朝下，放在鋪有烘焙紙的烤盤上，整型成約10×15cm、厚度約1.5cm。放入烤箱中，以35℃的發酵模式進行第二次發酵45分鐘（※如果烤箱沒有發酵模式，就用濕布巾蓋住，在室溫中靜置1小時～1小時30分鐘，直到麵團變大一圈為止）。

⑥ 以烤箱烘烤

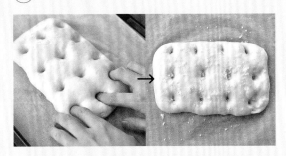

取出5之後，將烤箱預熱至180℃。將橄欖油塗抹在麵團的表面，然後用手指插入麵團中壓到快貼到底部，戳出12個孔洞，撒上砂糖。以180℃的烤箱烘烤約16分鐘。

鋪配料

只需在麵團上面擺放當季水果、堅果，或巧克力，
就能完成宛如甜點般的奢華佛卡夏。

MAPLE SYRUP NUTS

楓糖漿堅果

將自製的楓糖漿堅果鋪滿在上面，製作出極致的美味。
從製作的時候開始就籠罩在甜蜜的香氣裡，充滿了幸福的心情。

材料 （1個份）

A 高筋麵粉 … 130g

┌ 鹽 … 1/2小匙（2.5g）

└ 砂糖 … 1又1/2大匙（13g）

B 速發乾酵母 … 1g

┌ 牛奶 … 100g

└ 橄欖油 … 1小匙

手粉（高筋麵粉）… 適量

橄欖油 … 1/2小匙

＜配料＞

綜合堅果 … 100g

楓糖漿 … 3大匙

奶油（切成1cm小丁）… 10g

作法

1　將**B**依照材料表的順序放入缽盆中，以打蛋器攪拌溶勻。加入**A**之後以橡皮刮刀攪拌，等麵團產生黏性之後以刮板混拌2～3分鐘，直到看不見粉粒為止。

2　將1覆蓋保鮮膜，在室溫中靜置30分鐘。將手用水沾濕，拉起麵團的邊緣摺疊起來。以相同的方式將麵團轉一圈摺疊起來，上下翻面後再度覆蓋保鮮膜，在室溫中靜置30分鐘。

3　將2放入蔬果保鮮室中，靜置一晚以上，進行第一次發酵，直到麵團變成約2倍的大小。麵團表面撒滿手粉之後，將刮板插入麵團和缽盆之間轉一圈，使麵團剝離缽盆，然後連同缽盆整個倒扣，取出麵團放在作業台上。

4　用手指拉開麵團，延展成長方形，然後將左右兩邊往內側各摺入1/3。將麵團的黏合處朝下，放在鋪有烘焙紙的烤盤上，整型成厚度約1.5cm。放入烤箱中，以35℃的發酵模式進行第二次發酵45分鐘。

5　平底鍋以中火加熱，放入堅果乾炒。加入2大匙楓糖漿，待楓糖漿沾裹住全部的堅果，變得黏稠之後即可關火。取出堅果放在烘焙紙上，攤開來放涼。

6　取出4之後，將烤箱預熱至180℃。將橄欖油塗抹在麵團的表面，然後用手指插入麵團中壓到快貼到底部，將整個麵團戳出孔洞，整平。將奶油塞入各處，然後鋪上5。以180℃的烤箱烘烤約16分鐘，取出之後淋上1大匙楓糖漿。

如果堅果是烘烤過的，沒有經過乾炒也OK。請在平底鍋變熱之後再加入堅果和楓糖漿。要在麵團上面鋪放大量的配料時，為了讓麵團膨脹之後配料也不會掉落下來，要將整個麵團戳出孔洞，再將麵團整平。

煉乳草莓

焦糖地瓜乾

覆盆子巧克力

杏仁香蕉

煉乳草莓

將草莓的切面朝下塞入麵團中,成品也會很可愛。因為有
酸酸甜甜的草莓和甜味濃厚的煉乳,所以成為連孩童也非常喜歡的麵包。

材料 (1個份)

A 高筋麵粉 … 130g
　鹽 … 1/2小匙(2.5g)
　砂糖 … 1又1/2大匙(13g)
B 速發乾酵母 … 1g
　牛奶 … 100g
　橄欖油 … 1小匙
手粉(高筋麵粉)… 適量
橄欖油 … 1/2小匙
〈配料〉
草莓 … 6個
煉乳 … 1大匙

作法

1　將**B**依照材料表的順序放入缽盆中,以打蛋器攪拌溶勻。加入**A**之後以橡皮刮刀攪拌,等麵團產生黏性之後以刮板混拌2～3分鐘,直到看不見粉粒為止。

2　將1覆蓋保鮮膜,在室溫中靜置30分鐘。將手用水沾濕,拉起麵團的邊緣摺疊起來。以相同的方式將麵團轉一圈摺疊起來,上下翻面後再度覆蓋保鮮膜,在室溫中靜置30分鐘。

3　將2放入蔬果保鮮室中,靜置一晚以上,進行第一次發酵,直到麵團變成約2倍的大小。麵團表面撒滿手粉之後,將刮板插入麵團和缽盆之間轉一圈,使麵團剝離缽盆,然後連同缽盆整個倒扣,取出麵團放在作業台上。

4　用手指拉開麵團,延展成長方形,然後將左右兩邊往內側各摺入1/3。將麵團的黏合處朝下,放在鋪有烘焙紙的烤盤上,整型成厚度約1.5cm。放入烤箱中,以35℃的發酵模式進行第二次發酵45分鐘。

5　草莓去除蒂頭之後縱切成一半。

6　取出4後,將烤箱預熱至180℃。將橄欖油塗抹在麵團的表面,然後用手指插入麵團中壓到快貼到底部,戳出12個孔洞。將5均等地塞入孔洞中,在草莓的上面淋上煉乳,以180℃的烤箱烘烤約16分鐘。

焦糖地瓜乾

活用市售甜點的話,也能簡單做出濃醇的焦糖口味。
地瓜乾也可以改用烤地瓜來製作!

材料 (1個份)

A 高筋麵粉 … 130g
　鹽 … 1/2小匙(2.5g)
　砂糖 … 1又1/2大匙(13g)
B 速發乾酵母 … 1g
　牛奶 … 100g
　橄欖油 … 1小匙
手粉(高筋麵粉)… 適量
橄欖油 … 1/2小匙
〈配料〉
地瓜乾 … 40g
焦糖牛奶糖(市售品)… 6顆

作法

1　依照上記「煉乳草莓」的作法1～4以相同的作法製作。

2　地瓜乾切成12等份,焦糖牛奶糖切成一半。

3　取出麵團之後,將烤箱預熱至180℃。將橄欖油塗抹在麵團的表面,然後用手指插入麵團中壓到快貼到底部,戳出12個孔洞。依照順序將焦糖牛奶糖、地瓜乾均等地塞入孔洞中,以180℃的烤箱烘烤約16分鐘。

CHOCOLATE RASPBERRY
覆盆子巧克力

莓果×巧克力是不分老少都喜愛的經典口味。
使用白巧克力和其他種類的莓果等製作，也很容易變化花樣。

材料 （1個份）

A 高筋麵粉 … 130g

　　鹽 … 1/2小匙（2.5g）

　　砂糖 … 1又1/2大匙（13g）

B 速發乾酵母 … 1g

　　牛奶 … 100g

　　橄欖油 … 1小匙

手粉（高筋麵粉）… 適量

橄欖油 … 1/2小匙

＜配料＞

巧克力（苦味）… 40g

覆盆子（冷凍）… 12個

作法

1　依照左頁「煉乳草莓」的作法1～4以相同的作法製作。

2　巧克力切成12等份。

3　取出麵團之後，將烤箱預熱至180℃。將橄欖油塗抹在麵團的表面，然後用手指插入麵團中壓到快貼到底部，戳出12個孔洞。依照順序將**2**、覆盆子均等地塞入孔洞中，以180℃的烤箱烘烤約16分鐘。

BANANA ALMOND
杏仁香蕉

意外地沒在店家看過的香蕉點心麵包，在家自己動手做！
杏仁片脆脆的口感也很絕妙。

材料 （1個份）

A 高筋麵粉 … 130g

　　鹽 … 1/2小匙（2.5g）

　　砂糖 … 1又1/2大匙（13g）

B 速發乾酵母 … 1g

　　牛奶 … 100g

　　橄欖油 … 1小匙

手粉（高筋麵粉）… 適量

橄欖油 … 1/2小匙

砂糖 … 1小匙

＜配料＞

香蕉（大）… 1根

杏仁片 … 15g

作法

1　依照左頁「煉乳草莓」的作法1～4以相同的作法製作。

2　香蕉將長度切成12等份。

3　取出麵團之後，將烤箱預熱至180℃。將橄欖油塗抹在麵團的表面，然後用手指插入麵團中壓到快貼到底部，戳出12個孔洞。將**2**均等地塞入孔洞中，在香蕉的上面撒上砂糖，然後隨意撒上杏仁片。以180℃的烤箱烘烤約16分鐘。

金柑

水果在烘烤之後，鮮味會被快速凝縮，甜味也會提升。
依個人喜好用奶油乳酪作為上表面裝飾，或擺上葡萄或柿子也可以。

材料 （1個份）

A 高筋麵粉 … 130g
   鹽 … 1/2小匙（2.5g）
   砂糖 … 1又1/2大匙（13g）
B 速發乾酵母 … 1g
   牛奶 … 100g
   橄欖油 … 1小匙
手粉（高筋麵粉）… 適量
橄欖油 … 1/2小匙
砂糖 … 1小匙
＜配料＞
金柑 … 6個

作法

1　將**B**依照材料表的順序放入缽盆中，以打蛋器攪拌溶勻。加入**A**之後以橡皮刮刀攪拌，等麵團產生黏性之後以刮板混拌2～3分鐘，直到看不見粉粒為止。

2　將1覆蓋保鮮膜，在室溫中靜置30分鐘。將手用水沾濕，拉起麵團的邊緣摺疊起來。以相同的方式將麵團轉一圈摺疊起來，上下翻面後再度覆蓋保鮮膜，在室溫中靜置30分鐘。

3　將2放入蔬果保鮮室中，靜置一晚以上，進行第一次發酵，直到麵團變成約2倍的大小。麵團表面撒滿手粉之後，將刮板插入麵團和缽盆之間轉一圈，使麵團剝離缽盆，然後連同缽盆整個倒扣，取出麵團放在作業台上。

4　用手指拉開麵團，延展成長方形，然後將左右兩邊往內側各摺入1/3。將麵團的黏合處朝下，放在鋪有烘焙紙的烤盤上，整型成厚度約1.5cm。放入烤箱中，以35℃的發酵模式進行第二次發酵45分鐘。

5　金柑去除蒂頭，橫切成一半之後去籽。

6　取出4之後，將烤箱預熱至180℃。將橄欖油塗抹在麵團的表面，然後用手指插入麵團中壓到快貼到底部，戳出12個孔洞。將5均等地塞入孔洞中，撒上砂糖，以180℃的烤箱烘烤約16分鐘。

蘋果奶酥

建議使用酸味強的紅玉蘋果製作。如果用西洋梨或無花果製作，
可以品嘗到別具一格的美味。因為不容易烤熟，所以請延長烘烤時間！

材料 （1個份）

A 高筋麵粉 … 130g

　鹽 … 1/2小匙（2.5g）

　砂糖 … 1又1/2大匙（13g）

B 速發乾酵母 … 1g

　牛奶 … 100g

　橄欖油 … 1小匙

手粉（高筋麵粉）… 適量

橄欖油 … 1/2小匙

砂糖 … 1小匙

＜配料＞

蘋果 … 1/2個

肉桂粉 … 少許

＜奶酥＊＞

　低筋麵粉 … 30g

　奶油（無鹽、切成1cm小丁）、

　　砂糖 … 各15g

　鹽 … 1小撮

作法

1　將**B**依照材料表的順序放入缽盆中，以打蛋器攪拌溶勻。加入**A**之後以橡皮刮刀攪拌，等麵團產生黏性之後以刮板混拌2～3分鐘，直到看不見粉粒為止。

2　將**1**覆蓋保鮮膜，在室溫中靜置30分鐘。將手用水沾濕，拉起麵團的邊緣摺疊起來。以相同的方式將麵團轉一圈摺疊起來，上下翻面後再度覆蓋保鮮膜，在室溫中靜置30分鐘。

3　將**2**放入蔬果保鮮室中，靜置一晚以上，進行第一次發酵，直到麵團變成約2倍的大小。麵團表面撒滿手粉之後，將刮板插入麵團和缽盆之間轉一圈，使麵團剝離缽盆，然後連同缽盆整個倒扣，取出麵團放在作業台上。

4　用手指拉開麵團，延展成長方形，然後將左右兩邊往內側各摺入1/3。將麵團的黏合處朝下，放在鋪有烘焙紙的烤盤上，整型成厚度約1.5cm。放入烤箱中，以35℃的發酵模式進行第二次發酵45分鐘。

5　將奶酥的材料放入缽盆中迅速混拌，一邊用手指的指腹捏碎奶油，一邊以雙手迅速搓合，使奶油變成顆粒分明的乾鬆狀態。蘋果縱切成一半之後去除蒂頭和籽，連皮直接切成2mm厚的半月形。

6　取出**4**後，將烤箱預熱至180℃。將橄欖油塗抹在麵團的表面，周圍保留約2cm的空間，以手指壓平延展成約15×20cm。蘋果稍微重疊排列，均等地塞入麵團中。在蘋果的上面撒上砂糖、肉桂粉之後，擺放一半分量的奶酥＊，以180℃的烤箱烘烤約18分鐘。

＊將奶酥的全量分成2次使用。未使用的部分裝入冷凍用保鮮袋中，冷凍之後可以保存約1個月。使用時請以結凍的狀態直接擺放在麵團上面，然後烘烤。

為了製作出酥酥脆脆、零碎鬆散的奶酥，重點在於不要讓奶油融化。直到要使用之前，奶油都要放在冷藏室中冰鎮，取出後要迅速混合材料，用雙手搓合材料直到變成乾鬆狀態。

拌配料

將紅茶或咖啡加入麵團中，就能做出香氣濃郁的甜味佛卡夏。
拌入抹茶或紅蘿蔔的話，色澤會變得鮮豔，心情也會變得愉悅。

紅茶蔓越莓

也可以將糖漬橙皮、糖漬檸檬皮和無花果乾等，切碎之後添加在裡面！
紅茶請務必選用香氣濃郁的伯爵紅茶。

材料 （1個份）

A 高筋麵粉 … 130g

　鹽 … 1/2小匙（2.5g）

　砂糖 … 1又1/2大匙（13g）

牛奶 … 120g

速發乾酵母 … 1g

太白芝麻油 … 1又1/2小匙

手粉（高筋麵粉）… 適量

砂糖 … 1小匙

＜配料＞

紅茶的茶葉（伯爵茶）

　… 茶包2袋（約5g）

蔓越莓（果乾）… 30g

將茶包浸泡在牛奶中，然後以微波爐加熱，就能輕鬆地萃取出茶葉的味道。為了善加利用紅茶的風味，使用的油不是香氣濃郁的橄欖油，而是改用無味無臭又沒有特殊異味的太白芝麻油。太白芝麻油也可以替換成米油或沙拉油。

作法

1 製作奶茶。將牛奶、1袋紅茶茶包放入耐熱容器中，鬆鬆地覆蓋保鮮膜，以微波爐（600W）加熱1分30秒，然後直接放涼。

2 依照順序將乾酵母、1、1小匙太白芝麻油放入缽盆中，以打蛋器攪拌溶勻。從另一個茶包裡取出茶葉加入缽盆中，加入**A**之後以橡皮刮刀攪拌，等麵團產生黏性之後以刮板混拌2～3分鐘，直到看不見粉粒為止。加入蔓越莓，混拌均勻。

3 將**2**覆蓋保鮮膜，在室溫中靜置30分鐘。將手用水沾濕，拉起麵團的邊緣摺疊起來。以相同的方式將麵團轉一圈摺疊起來，上下面後再度覆蓋保鮮膜，在室溫中靜置30分鐘。

4 將**3**放入蔬果保鮮室中，靜置一晚以上，進行第一次發酵，直到麵團變成約2倍的大小。麵團表面撒滿手粉之後，將刮板插入麵團和缽盆之間轉一圈，使麵團剝離缽盆，然後連同缽盆整個倒扣，取出麵團放在作業台上。

5 用手指拉開麵團，延展成長方形，然後將左右兩邊往內側各摺入1/3。將麵團的黏合處朝下，放在鋪有烘焙紙的烤盤上，整型成厚度約1.5cm。放入烤箱中，以35℃的發酵模式進行第二次發酵45分鐘。

6 取出**5**之後，將烤箱預熱至180℃。將1/2小匙太白芝麻油塗抹在麵團的表面，然後用手指插入麵團中壓到快貼到底部，戳出12個孔洞。撒上砂糖，以180℃的烤箱烘烤約16分鐘。

紅蘿蔔蛋糕風味

在奶油乳酪中加入了砂糖和檸檬汁做成糖霜，然後鋪在上面，
就能製作出像蛋糕一樣的風味！肉桂的香氣也是賞味的重點。

材料 （1個份）

A 高筋麵粉 … 130g

肉桂粉 … 1/2小匙（1g）

鹽 … 1/2小匙（2.5g）

砂糖 … 1又1/2大匙（13g）

B 速發乾酵母 … 1g

牛奶 … 75g

橄欖油 … 1小匙

手粉（高筋麵粉）… 適量

橄欖油 … 1/2小匙

＜配料＞

紅蘿蔔 … 50g

葡萄乾、核桃 … 各15g

＜糖霜＞

奶油乳酪（在室溫中回溫）… 70g

砂糖 … 15g

檸檬榨汁 … 1小匙

作 法

1　紅蘿蔔磨成泥，核桃輕輕搗碎。

2　將**B**依照材料表的順序放入缽盆中，以打蛋器攪拌溶勻。加入1的紅蘿蔔、**A**之後以橡皮刮刀攪拌，等麵團產生黏性之後以刮板混拌2～3分鐘，直到看不見粉粒為止。加入葡萄乾、1的核桃，混拌均勻。

3　將**2**覆蓋保鮮膜，在室溫中靜置30分鐘。將手用水沾濕，拉起麵團的邊緣摺疊起來。以相同的方式將麵團轉一圈摺疊起來，上下翻面後再度覆蓋保鮮膜，在室溫中靜置30分鐘。

4　將**3**放入蔬果保鮮室中，靜置一晚以上，進行第一次發酵，直到麵團變成約2倍的大小。麵團表面撒滿手粉之後，將刮板插入麵團和缽盆之間轉一圈，使麵團剝離缽盆，然後連同缽盆整個倒扣，取出麵團放在作業台上。

5　用手指拉開麵團，延展成長方形，然後將左右兩邊往內側各摺入1/3。將麵團的黏合處朝下，放在鋪有烘焙紙的烤盤上，整型成厚度約1.5cm。放入烤箱中，以35℃的發酵模式進行第二次發酵45分鐘。

6　取出**5**之後，將烤箱預熱至180℃。將橄欖油塗抹在麵團的表面，然後用手指插入麵團中壓到快貼到底部，戳出12個孔洞。以180℃的烤箱烘烤約16分鐘，取出之後放涼。

7　將糖霜的材料放入缽盆中以橡皮刮刀攪拌。塗在**6**的整個表面。

MATCHA SUGARED BEANS
甘納豆抹茶

以甘納豆的甜味和抹茶高雅的苦味，製作出宛如日式甜點般的佛卡夏。
使用少許品質優良的抹茶，就能做出鮮豔又漂亮的顏色。

材料 （1個份）

A 高筋麵粉 … 130g
　抹茶（粉末）… 3g
　鹽 … 1/2小匙（2.5g）
　砂糖 … 1又1/2大匙（13g）
B 速發乾酵母 … 1g
　牛奶 … 100g
　太白芝麻油 … 1小匙
手粉（高筋麵粉）… 適量
太白芝麻油 … 1/2小匙
＜配料＞
甘納豆（市售品）… 100g

作法

1　將**B**依照材料表的順序放入缽盆中，以打蛋器攪拌溶勻。加入**A**之後以橡皮刮刀攪拌，等麵團產生黏性之後以刮板混拌2～3分鐘，直到看不見粉粒為止。

2　將**1**覆蓋保鮮膜，在室溫中靜置30分鐘。將手用水沾濕，拉起麵團的邊緣摺疊起來。以相同的方式將麵團轉一圈摺疊起來，上下翻面後再度覆蓋保鮮膜，在室溫中靜置30分鐘。

3　將**2**放入蔬果保鮮室中，靜置一晚以上，進行第一次發酵，直到麵團變成約2倍的大小。麵團表面撒滿手粉之後，將刮板插入麵團和缽盆之間轉一圈，使麵團剝離缽盆，然後連同缽盆整個倒扣，取出麵團放在作業台上。

4　用手指拉開麵團，延展成長方形，然後將左右兩邊往內側各摺入1/3。將麵團的黏合處朝下，放在鋪有烘焙紙的烤盤上，整型成厚度約1.5cm。放入烤箱中，以35℃的發酵模式進行第二次發酵45分鐘。

5　取出**4**後，將烤箱預熱至180℃。將太白芝麻油塗抹在麵團的表面，然後用手指插入麵團中壓到快貼到底部，將整個麵團戳洞，整平。擺上甘納豆之後輕輕按壓，以180℃的烤箱烘烤約16分鐘。

CHESTNUT COFFEE
栗子咖啡

連不喜歡吃甜食的人也會想一吃再吃。
以咖啡香氣、栗子和黑糖具深度的甜味，做出大人口味的甜點。

材料 （1個份）

A 高筋麵粉 … 130g
　鹽 … 1/2小匙（2.5g）
　砂糖 … 1又1/2大匙（13g）
B 速發乾酵母 … 1g
　即溶咖啡粉 … 1大匙
　牛奶 … 100g
　太白芝麻油 … 1小匙
手粉（高筋麵粉）… 適量
太白芝麻油 … 1/2小匙
＜配料＞
栗子澀皮煮（市售品）… 6顆
黑糖 … 1/2大匙

作法

1　將**B**依照材料表的順序放入缽盆中，以打蛋器攪拌溶勻。加入**A**之後以橡皮刮刀攪拌，等麵團產生黏性之後以刮板混拌2～3分鐘，直到看不見粉粒為止。

2　依照上記「甘納豆抹茶」的作法**2**～**4**以相同的作法製作。

3　將栗子切成一半。

4　取出麵團之後，將烤箱預熱至180℃。將太白芝麻油塗抹在麵團的表面，然後用手指插入麵團中壓到快貼到底部，戳出12個孔洞。將**3**均等地塞入孔洞中，然後將黑糖撒在栗子上面，以180℃的烤箱烘烤約16分鐘。

將市售的罐裝栗子澀皮煮靈活運用的話，就可以輕鬆不費時的將秋天的專屬風味融入甜點中。也可以用糖漬栗子來製作。

栗子咖啡

抹茶甘納豆

以琺瑯長方形淺盆烘烤

將手邊的長方形淺盆當做模具也通用！即使擺上滿滿的配料，
麵團也能烤得漂亮不塌陷。其他的佛卡夏同樣以長方形淺盆烘烤也OK。

ENAMEL TRAY

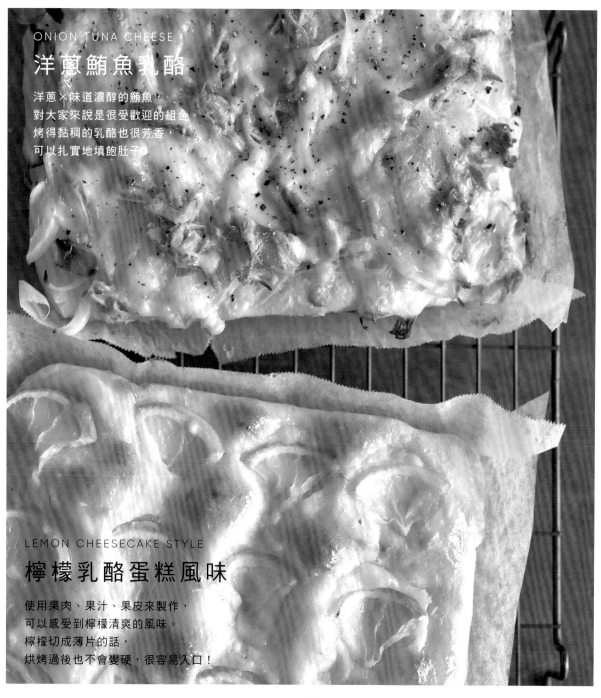

ONION TUNA CHEESE

洋蔥鮪魚乳酪

洋蔥×味道濃醇的鮪魚，
對大家來說是很受歡迎的組合。
烤得黏稠的乳酪也很芳香，
可以扎實地填飽肚子。

LEMON CHEESECAKE STYLE

檸檬乳酪蛋糕風味

使用果肉、果汁、果皮來製作，
可以感受到檸檬清爽的風味。
檸檬切成薄片的話，
烘烤過後也不會變硬，很容易入口！

洋蔥鮪魚乳酪

材料 （約21×16×3cm的模具1個份）

A 高筋麵粉 … 130g
　鹽 … 1/2小匙（2.5g）
　砂糖 … 1大匙（9g）
B 速發乾酵母 … 1g
　水 … 90g
　橄欖油 … 1小匙
手粉（高筋麵粉）… 適量
橄欖油 … 1小匙
粗鹽 … 1小撮
粗粒黑胡椒 … 少許
＜配料＞
洋蔥 … 1/2個（100g）
鮪魚罐頭 … 1/2罐（35g）
披薩用乳酪 … 50g

作法

1　將**B**依照材料表的順序放入缽盆中，以打蛋器攪拌溶勻。加入**A**之後以橡皮刮刀攪拌，等麵團產生黏性之後以刮板混拌2～3分鐘，直到看不見粉粒為止。

2　將1覆蓋保鮮膜，在室溫中靜置30分鐘。將手用水沾濕，拉起麵團的邊緣摺疊起來。以相同的方式將麵團轉一圈摺疊起來，上下翻面後再度覆蓋保鮮膜，在室溫中靜置30分鐘。

3　將2放入蔬果保鮮室中，靜置一晚以上，進行第一次發酵，直到麵團變成約2倍的大小。麵團表面撒滿手粉之後，將刮板插入麵團和缽盆之間轉一圈，使麵團剝離缽盆，然後連同缽盆整個倒扣，取出麵團放在作業台上。

4　用手指拉開麵團，延展成長方形，然後將左右兩邊往內側各摺入1/3。將烘焙紙鋪在長方形淺盆中，塗抹1/2小匙橄欖油，然後將麵團的黏合處朝下放入。用手指將麵團拉開成長方形淺盆的大小，放入烤箱中，以35℃的發酵模式進行第二次發酵45分鐘。

5　洋蔥切成薄片，鮪魚瀝乾汁液。

6　取出4後，將烤箱預熱至190℃。將1/2小匙橄欖油塗抹在麵團的表面，然後用手指插入麵團中壓到快貼到底部，將整個麵團戳出孔洞。擺放洋蔥之後撒上粗鹽，再隨意撒上鮪魚、披薩用乳酪。以190℃的烤箱烘烤約20分鐘，取出之後撒上黑胡椒。

檸檬乳酪蛋糕風味

材料 （約21×16×3cm的模具1個份）

A 高筋麵粉 … 130g
　鹽 … 1/2小匙（2.5g）
　砂糖 … 1又1/2大匙（13g）
B 速發乾酵母 … 1g
　牛奶 … 100g
　橄欖油 … 1小匙
手粉（高筋麵粉）… 適量
橄欖油 … 1小匙
＜配料＞
檸檬（日本產）… 1個
奶油乳酪（置於室溫回軟）… 50g
砂糖 … 10g
蜂蜜 … 1/2大匙

作法

1　依照上記「洋蔥鮪魚乳酪」的作法1～4以相同的作法製作。

2　檸檬切成2mm寬的銀杏葉狀，準備12片作為上表面裝飾用，剩餘的檸檬將1/2個份的表皮磨成碎屑，擠出果汁1大匙。將奶油乳酪、砂糖、檸檬皮和檸檬汁放入缽盆中，以打蛋器攪拌，製作檸檬奶油醬。

3　取出麵團之後，將烤箱預熱至180℃。將1/2小匙橄欖油塗抹在麵團的表面，然後用手指插入麵團中壓到快貼到底部，戳出12個孔洞。將檸檬奶油醬均等地填入孔洞中，擺放上表面裝飾用的檸檬片，然後將蜂蜜淋在檸檬片的上面。以180℃的烤箱烘烤約20分鐘。

＜烘焙紙的鋪法＞

將烘焙紙裁切得比長方形淺盆大上一圈，四個角斜向剪出寬一點切口。沿著長方形淺盆，用手指確實地按壓，緊密地鋪進烘焙紙。

以圓形模具烘烤

以圓形模具烘烤，就能做出宛如蛋糕般可愛的佛卡夏。
因為麵團有高度，為了避免沒有烤熟，請充分地烘烤。

TARO BACON

小芋頭培根

味道清淡的小芋頭（里芋），
撒上稍多一點的鹽吧。
也可以依個人喜好加入乳酪來補足鹹味！
嚼勁十足的菜餡佛卡夏，
當做早餐或早午餐也很方便。

COCOA CHERRY

櫻桃可可

在可可麵團中加進了櫻桃，
令人聯想到法式甜點「黑森林蛋糕」！
在美國櫻桃上市的季節，
也可以使用新鮮的果實製作。

小芋頭培根

材料 （直徑約15cm的模具1個份）

A 高筋麵粉 … 130g
　鹽 … 1/2小匙（2.5g）
　砂糖 … 1大匙（9g）
B 速發乾酵母 … 1g
　水 … 90g
　橄欖油 … 1小匙
手粉（高筋麵粉）… 適量
橄欖油 … 1又1/2小匙
粗鹽 … 1小撮
粗粒黑胡椒 … 少許
＜配料＞
小芋頭（冷凍）… 130g
培根（塊狀）… 50g

作法

1　將**B**依照材料表的順序放入缽盆中，以打蛋器攪拌溶勻。加入**A**之後以橡皮刮刀攪拌，等麵團產生黏性之後以刮板混拌2～3分鐘，直到看不見粉粒為止。

2　將1覆蓋保鮮膜，在室溫中靜置30分鐘。將手用水沾濕，拉起麵團的邊緣摺疊起來。以相同的方式將麵團轉一圈摺疊起來，上下翻面後再度覆蓋保鮮膜，在室溫中靜置30分鐘。

3　將2放入蔬果保鮮室中，靜置一晚以上，進行第一次發酵，直到麵團變成約2倍的大小。麵團表面撒滿手粉之後，將刮板插入麵團和缽盆之間轉一圈，使麵團剝離缽盆，然後連同缽盆整個倒扣，取出麵團放在作業台上。

4　用手指拉開麵團，延展成長方形，然後將左右兩邊往內側各摺入1/3。將烘焙紙鋪在模具中，塗抹1/2小匙橄欖油，然後將麵團的黏合處朝下放入。用手指將麵團拉開成模具的大小，放入烤箱中，以35℃的發酵模式進行第二次發酵45分鐘。

5　將小芋頭放入耐熱容器中，不覆蓋保鮮膜，以微波爐（600W）加熱約2分鐘。以廚房紙巾擦乾水分之後，切成一半。培根切成1cm厚的長方形。

6　取出4後，將烤箱預熱至190℃。將1/2小匙橄欖油塗抹在麵團的表面，然後用手指插入麵團中壓到快貼到底部，將整個麵團戳出孔洞。將5均等地塞入孔洞中，然後撒上粗鹽、黑胡椒。以190℃的烤箱烘烤約22分鐘，取出之後淋上1/2小匙橄欖油。

櫻桃可可

材料 （直徑約15cm的模具1個份）

A 高筋麵粉 … 120g
　可可粉（無糖）… 10g
　鹽 … 1/2小匙（2.5g）
　砂糖 … 1又1/2大匙（13g）
B 速發乾酵母 … 1g
　牛奶 … 105g
　太白芝麻油 … 1小匙
手粉（高筋麵粉）… 適量
太白芝麻油 … 1小匙
糖粉 … 1小匙
＜配料＞
黑櫻桃（罐頭）… 12顆
巧克力（苦味）… 15g

作法

1　依照上記「小芋頭培根」的作法1～4以相同的作法製作。接著，將1/2小匙太白芝麻油塗在烘焙紙上面。

2　用廚房紙巾擦乾櫻桃上殘留的罐頭汁液。巧克力切成12等份。

3　取出麵團之後，將烤箱預熱至180℃。將1/2小匙太白芝麻油塗抹在麵團的表面，然後用手指插入麵團中壓到快貼到底部，戳出12個孔洞。依照順序將巧克力、櫻桃均等地塞入孔洞中，以180℃的烤箱烘烤約20分鐘。取出之後放涼，以小網篩撒上糖粉。

＜烘焙紙的鋪法＞

將烘焙紙裁切得比模具大上一圈，四個角斜向剪出寬一點切口。沿著模具的底面，用手指確實地按壓，緊密地鋪進烘焙紙。

材料加倍 以方形模具烘烤

大容量的深底模具，可以用2倍分量的麵團烤出大尺寸佛卡夏。
用最能享受到濕潤鬆軟口感的佛卡夏來招待人數眾多的賓客也很適合。

SHRIMP & AVOCADO MUSHROOM

蝦仁酪梨蘑菇

兼具美觀的外表和美味，是女性喜歡的麵包。
濃郁的酪梨和蝦仁的彈牙感令人無法抗拒！

3 KINDS OF FRUIT

3種水果

多汁的水果和椰子搭配在一起，
製作出豐厚的甜味。隨著季節或心情
替換水果，也可以將奶油乳酪裝飾在上面。

蝦仁酪梨蘑菇

材料 （約18×18×5cm的模具1個份）

A 高筋麵粉 … 260g

  鹽 … 1小匙（5g）

  砂糖 … 2大匙（18g）

B 速發乾酵母 … 2g

  水 … 180g

  橄欖油 … 2小匙

手粉（高筋麵粉）… 適量

粗鹽 … 2小撮

橄欖油 … 1又1/2大匙

＜配料＞

蝦仁（中）… 8尾

酪梨 … 1/2個

蘑菇 … 4個

作法

1　將**B**依照材料表的順序放入缽盆中，以打蛋器攪拌溶勻。加入**A**之後以橡皮刮刀攪拌，等麵團產生黏性之後以刮板混拌2～3分鐘，直到看不見粉粒為止。

2　將1覆蓋保鮮膜，在室溫中靜置30分鐘。將手用水沾濕，拉起麵團的邊緣摺疊起來。以相同的方式將麵團轉一圈摺疊起來，上下翻面後再度覆蓋保鮮膜，在室溫中靜置30分鐘。

3　將2放入蔬果保鮮室中，靜置一晚以上，進行第一次發酵，直到麵團變成約2倍的大小。麵團表面撒滿手粉之後，將刮板插入麵團和缽盆之間轉一圈，使麵團剝離缽盆，然後連同缽盆整個倒扣，取出麵團放在作業台上。

4　用手指拉開麵團，延展成長方形，然後將左右兩邊往內側各摺入1/3。將烘焙紙鋪在模具中，塗抹1/2大匙橄欖油，然後將麵團的黏合處朝下放入。用手指將麵團拉開成模具的大小，放入烤箱中，以35℃的發酵模式進行第二次發酵45分鐘。

5　鍋中煮滾熱水之後放入少許鹽（材料分量外）、蝦仁，汆燙約30秒，然後瀝乾水分。酪梨去除籽和皮之後切成一口的大小，蘑菇縱切成一半。

6　取出4後，將烤箱預熱至190℃。將1/2大匙橄欖油塗抹在麵團的表面，然後用手指插入麵團中壓到快貼到底部，將整個麵團戳出孔洞。將5以塞入的方式均等地擺放在上面，然後撒上粗鹽，淋上1/2大匙橄欖油。以190℃的烤箱烘烤約22分鐘。

3種水果

材料 （約18×18×5cm的模具1個份）

A 高筋麵粉 … 260g

  鹽 … 1小匙（5g）

  砂糖 … 3大匙（26g）

B 速發乾酵母 … 2g

  牛奶 … 200g

  橄欖油 … 2小匙

手粉（高筋麵粉）… 適量

橄欖油 … 1大匙

砂糖 … 1/2大匙

＜配料＞

黃桃（罐頭）… 70g

鳳梨（罐頭）… 70g

蔓越莓（果乾）… 15g

椰子細粉 … 5g

作法

1　依照上記「蝦仁酪梨蘑菇」的作法1～4以相同的作法製作。

2　黃桃和鳳梨切成約2cm大小，用廚房紙巾擦乾殘留的罐頭汁液。

3　取出麵團之後，將烤箱預熱至180℃。將1/2大匙橄欖油塗抹在麵團的表面，然後用手指插入麵團中壓到快貼到底部，將整個麵團戳出孔洞。將2和蔓越莓以塞入的方式均等地擺放在上面，然後撒上椰子細粉、砂糖。以180℃的烤箱烘烤約22分鐘。

＜烘焙紙的鋪法＞

將烘焙紙裁切得比模具大上一圈，四個角斜向剪出寬一點切口。沿著模具的底面，用手指確實地按壓，緊密地鋪進烘焙紙。

乾咖哩

將香辣的乾咖哩滿滿地鋪在上面，麵團裡也添加了咖哩粉。
超大的分量，真的是豐盛的佳餚！也可以搭配啤酒享用。

材料 （約18×18×5cm的模具1個份）

A 高筋麵粉 … 260g
　 咖哩粉 … 1大匙（6g）
　 鹽 … 1小匙（5g）
　 砂糖 … 2大匙（18g）

B 速發乾酵母 … 2g
　 水 … 180g
　 橄欖油 … 2小匙

手粉（高筋麵粉）… 適量

橄欖油 … 2大匙

粗鹽 … 1小撮

＜配料＞

牛豬綜合絞肉 … 200g

秋葵 … 2根

茄子 … 1根

玉米筍 … 4根

甜椒（紅）… 1/8個

C 洋蔥（碎末）… 100g
　 大蒜（碎末）… 1瓣份
　 咖哩粉 … 1大匙（6g）

D 中濃醬汁、番茄醬
　 … 各1又1/2大匙

作法

1　將**B**依照材料表的順序放入缽盆中，以打蛋器攪拌溶勻。加入**A**之後以橡皮刮刀攪拌，等麵團產生黏性之後以刮板混拌2～3分鐘，直到看不見粉粒為止。

2　將1覆蓋保鮮膜，在室溫中靜置30分鐘。將手用水沾濕，拉起麵團的邊緣摺疊起來。以相同的方式將麵團轉一圈摺疊起來，上下翻面後再度覆蓋保鮮膜，在室溫中靜置30分鐘。

3　將2放入蔬果保鮮室中，靜置一晚以上，進行第一次發酵，直到麵團變成約2倍的大小。麵團表面撒滿手粉之後，將刮板插入麵團和缽盆之間轉一圈，使麵團剝離缽盆，然後連同缽盆整個倒扣，取出麵團放在作業台上。

4　用手指拉開麵團，延展成長方形，然後將左右兩邊往內側各摺入1/3。將烘焙紙鋪在模具中，塗抹1/2大匙橄欖油，然後將麵團的黏合處朝下放入。用手指將麵團拉開成模具的大小，放入烤箱中，以35℃的發酵模式進行第二次發酵45分鐘。

5　將1/2大匙橄欖油放入平底鍋中，以中火加熱。放入**C**，炒到洋蔥變軟，然後加入絞肉，炒到變色。加入**D**，炒到水分收乾，取出之後放涼。

6　秋葵去除蒂頭之後縱切成一半。茄子去除蒂頭後縱切成一半，然後以蒂頭這側不切斷的狀態，縱向切出2mm寬的片狀。玉米筍將長度切成一半，甜椒去除蒂頭和籽之後切成一口大小的滾刀塊。

7　取出4之後，將烤箱預熱至190℃。將1/2大匙橄欖油塗抹在麵團的表面，然後用手指插入麵團中壓到快貼到底部，將整個麵團戳出孔洞。鋪上5，將6以塞入的方式均等地擺放在上面。將粗鹽撒在蔬菜上面，淋上1/2大匙橄欖油，以190℃的烤箱烘烤約22分鐘。

用1只平底鍋簡單地製作出乾咖哩！作為上表面裝飾的蔬菜可以選用自己喜愛的蔬菜，但是不容易烤熟的蔬菜請切成薄片。色彩鮮豔的小番茄也很適合使用。

MANAMI IKEDA

池田 愛實

在日本湘南・辻堂開設麵包教室「crumb-クラム」。在慶應義塾大學教育學科學習飲食教育。同一時期，從藍帶國際學院東京分校麵包科畢業後，於該校擔任助理。26歲時前往法國，在2家M.O.F.（法國最佳工藝師獎）的麵包店一邊工作，一邊累積經驗。回到日本之後，在東京都內的餐廳從事麵包的商品開發與製作，目前以「少許酵母」、「自製酵母」、「日本國產小麥」為主題，開設麵包教室。本書為第一本著作。

日文版工作人員

烹飪助理／大塚康惠、野上律子、松下明日香
設計／高橋朱里、菅谷真理子（マルサンカク）
攝影／菊地 菫（家之光照片部）
編輯・造型／中田裕子
校對／ケイズオフィス
DTP製作／天龍社

攝影協助／UTUWA
食材提供／TOMIZ（富澤商店）
　　　　　https://tomiz.com/

免揉麵×鬆軟有嚼勁×45款絕妙風味變化

藍帶麵包師的美味佛卡夏

2020年12月1日初版第一刷發行

著　　者	池田愛實
譯　　者	安珀
主　　編	陳其衍
美術編輯	黃郁琇
發行人	南部裕
發行所	台灣東販股份有限公司
	＜地址＞台北市南京東路4段130號2F-1
	＜電話＞(02)2577-8878
	＜傳真＞(02)2577-8896
	＜網址＞http://www.tohan.com.tw
郵撥帳號	1405049-4
法律顧問	蕭雄淋律師
總經銷	聯合發行股份有限公司
	＜電話＞(02)2917-8022

TOHAN

國家圖書館出版品預行編目 (CIP) 資料

藍帶麵包師的美味佛卡夏：免揉麵×鬆軟
有嚼勁×45款絕妙風味變化／池田愛實
著；安珀譯 .-- 初版 .-- 臺北市：臺灣東
販，2020.12
64 面；18.8×25.7 公分

ISBN 978-986-511-526-5（平裝）

1.點心食譜 2.麵包

427.16　　　　　　　　　　　109016921

**KONEZUNI DEKIRU FUNWARI
MOCHIMOCHI FOCACCIA**

© MANAMI IKEDA 2020
Originally published in Japan in 2020
by IE-NO-HIKARI Association TOKYO,
Traditional Chinese translation rights arranged with
IE-NO-HIKARI Association TOKYO,
through TOHAN CORPORATION, TOKYO.